天才的餐桌

拉伯雷的孩子们

ラブレーの子供たち

[日]四方田犬彦 著

严可婷 译

ZHEJIANG UNIVERSITY PRESS
浙江大学出版社
·杭州·

图书在版编目（CIP）数据

天才的餐桌 /（日）四方田犬彦著；严可婷译. --
杭州：浙江大学出版社，2024.1
ISBN 978-7-308-23861-8

I. ①天… II. ①四… ②严… III. ①饮食—文化—
世界 IV. ①TS971.201

中国版本图书馆 CIP 数据核字（2023）第 097146 号

天才的餐桌

[日] 四方田犬彦 著　　严可婷 译

责任编辑 韦丽娟
责任校对 蔡 帆
装帧设计 梁 庆
出版发行 浙江大学出版社
（杭州市天目山路 148 号　邮政编码：310007）
（网址：http://www.zjupress.com）
印　　刷 浙江海虹彩色印务有限公司
开　　本 889mm×1194mm 1/32
印　　张 7.5
字　　数 140 千
版 印 次 2024 年 1 月第 1 版　2024 年 1 月第 1 次印刷
书　　号 ISBN 978-7-308-23861-8
定　　价 88.00 元

目 录

拉伯雷的孩子们

拉伯雷（François Rabelais）的肚子里塞满了各种食物。这位文学家出生于15世纪的法国，笔下曾写出“卡冈都亚”与“庞大固埃”（《巨人传》的第一、二部）的奇异巨人故事，令人意外的是，他很喜欢让食物在故事中出现。小说中登场的人物胃口几乎都很大，经常举办盛宴，在丰盛得令人难以想象的菜肴前，都会露出欣喜的表情。

回顾历史，许多艺术家都热爱美食。不仅是为了满足食欲，还为了满足他们与生俱来的对世界几近贪婪的好奇心。有些人留下自己所搜集的精彩食谱，也有些人通过给后世的传记，留下他们食欲旺盛的形象。他们不分东方、西方，都是拉伯雷的孩子。

我相信阅读过去的书，以及将未知的料理呈现在面前，是人生的喜悦。而本书正是由这样一位评论家交出的实验报告。

罗兰·巴特的天妇罗

“告诉我你吃什么，我就知道你是什么样的人。”

19世纪前半叶，法国的布里亚-萨瓦兰（Jean-Anthelme Brillat-Savarin）在著作《厨房里的哲学家》（*Physiologie du goût*），极尽美言赞扬美食所蕴含的美德，在开头他曾这样写道：动物吃饲料，人类品尝料理。但是唯独有格调的人，才懂得如何品味。而发现新的菜色，比起发现新星球，对人类的幸福有更大的贡献。他以这些作为前提，泰然自若地叙述美食与款待的哲学；以当时流行的说法，陈述着有关生理学的知识。萨瓦兰这部著作的日文译名是“美味礼赞”（岩波文库），他的名字“萨瓦兰”沾上朗姆巴巴蛋糕（rum baba）的酒香，就仿佛中央凹陷处盛着糖渍水果与奶油的萨瓦兰蛋糕，单纯地流传了下来。

接下来，我将模仿萨瓦兰先生，开始试着进行某种追寻。那就是调查留名历史的名人究竟喜欢吃什么，尽可能将这些料理再现，送入自己的口中，幻想着那位名人“是什么样的人”。如果某个人特别偏爱某种料理，一有机会就反复品尝，依我之见，倘若写下带有独到观点的评语，或许就能了解当事人的饮食观和对幸福的感知，甚至还包括世界观吧。

我可以预料到，这绝不是一件简单的任务。在文学家当中，有像短歌诗人斋藤茂吉这样的人，他相信如果不吃鳗鱼就写不出短歌，所以吃了一辈子鳗鱼；也有像未来主义宗师马里内蒂这样性急的人，据说他宣称意大利人吃了意大利面后会变成笨蛋，所以他呼吁人们禁食意大利面；还有像檀一雄或小泉八云这样亲自执笔撰写食谱的人。除此之外，还有如乔治亚·欧姬芙的粉丝通过仔细观察欧姬芙的餐桌，在出版物中留下了记录。究竟该如何利用资料，逐渐了解某位名人的饮食习惯，应该因人而异吧。

在这里，我选作首篇主题人物的是法国文学评论家、符号学家罗兰·巴特（Roland Gérard Barthes，1915—1980）。如果各位以为他是法国人，接下来将要介绍法国料理，那就错了。其实这位人物非常喜爱日本，对于日本料理，他以日本人从未想过的观点留下了非常有趣的文章。且让我们根据《符号帝国》（*L' Empire des signes*）里收录的段落，聆听罗兰·巴特大师的天妇罗论。

阅读罗兰·巴特的文章，就像在秋季的高原漫步时，忽然发现菇类一样，在文章意想不到的地方会发现关于食物的记述。譬如，评论空想社会主义者夏尔·傅立叶[1]的文章，便以一段小故事作为开端：某次，他在吃摩洛哥料理的北非小米（couscous）时，无论如何都无法适应其中独特的奶油风味。关于前述的布里亚-萨瓦兰《厨房里的哲学家》，巴特甚至特地写了长篇大论的序言，探讨性的快乐与美食之间有什么样的差异。提到美食既没有达到顶点的恍惚感，也没有攻击性，只是平顺地持续展开。

提到巴特，在某个时期一般倾向于将他界定为前卫理论学者。关于修辞学，他制作从古代到现代的图表，精致地分析出时尚杂志采用的独特文案如何建构出时代的神话，堪称是 20 世纪的代表美学家之一。符号有表现与内容两种面向。在意义上，包括在字典里出现的意义，以及在文章中所表现的意思。在文学作品、新闻报道，或是漫画中，穷究符号表现与符号内容的关系，正是符号学者的工作。20 世纪 60 年代，以巴黎为中心，符号学犹如现代的神话一样受众人信奉，与五月革命带来的兴奋同样令人记忆犹新。

---

1 夏尔·傅立叶（Charles Fourier，1772—1837），法国著名哲学家、经济学家、空想社会主义者，主张建立一个没有资本主义弊端的理想社会。

不过巴特在20世纪60年代即将结束时，对符号学到当时为止的理论开始产生怀疑，会突然说出“快乐是无意义的”这类话。这恐怕是他在思考人类所创造出的各种符号表面与背后的意义之后，产生了一些误解。在世界上符号的表面延伸到各领域，但是并不能说是缺乏深刻意义的文化。因为本篇是关于料理的散文，而不是关于符号学的论文，所以细节直接省略，总之巴特在这样的思维下，只书写关于自己看到母亲在少女时代拍摄的照片后的想法，以及反复阅读所获得的乐趣。而转变这一切的契机，则是多次的日本旅行。

巴特感叹日本这个国度，跟他当时所体验过的其他社会完全不同。这里只有外在，并没有充满实质的内容物。观察欧洲的每个城市，都以人们前往聚集的广场为中心。但是东京的中心是皇宫，是外人无法踏入的空虚地带，因此在这个大都市的内部怀抱着巨大的虚无。同样的情形可以说也反映在人们的生活习惯上。对于日本人而言，所谓礼物并不是细心包装的内容，而是以层层美丽包装纸包裹礼物的行为本身，中心并不是重点。在这个社会上，不论在哪里都只重视符号的表面，内容维持着空虚。对长年受西方文化符号束缚的巴特而言，日本岂不就是像乌托邦般的场所吗？

关于食物的部分，巴特这样写道：“日本的食物同样也缺乏美好的中心。”譬如，寿喜烧，如果从西式料理的角度来看，就是用到肉与蔬菜的炖菜。所以寿喜烧独特的地方，就是像荷兰画似的把蔬菜、魔芋丝、豆腐、蛋黄，还有包括牛肉在内的红肉、白砂糖这些生的食材，聚集装盛在同一处，直接在眼前烹调。日本料理不像中餐融入砂糖只是为了调味，日本料理更注重砂糖的白与其他食材的色彩呼应所烘托出的视觉效果。寿喜烧跟法国料理不同，没有饱含营养的生命奥秘，缺乏这样的底蕴与意义，是为了装饰而装饰，将重点放在美的思考方面。跟必须按顺序食用菜品的西方料理不同，将眼前各种各样的东西，照自己的喜好用筷子夹入口中的日本料理，其烹调的时间要跟品尝的时间完全重叠，因此所谓的厨师与食客的区别在此完全消失。对于在文学理论上主张书写与阅读不可分割的巴特而言，寿喜烧的存在正符合理想的前卫文学形态。

不过在巴特笔下写得最透彻的，是置于眼前的天妇罗。天妇罗是拥有几近纯粹表面的食物，跟法国人所偏好的油炸食品完全不同。一般的油炸食品是在食材表面包裹面衣使其变得更为厚重，但是天妇罗不管是哪个部分都又轻又薄，因此几乎可以说是抽象的。巴特提道：“天妇罗摆脱了我们传统上赋予油炸的意义，那就是沉重、油腻。”[1]“而

1 罗兰·巴特：《符号帝国》，江灏译，麦田出版，2014 年。

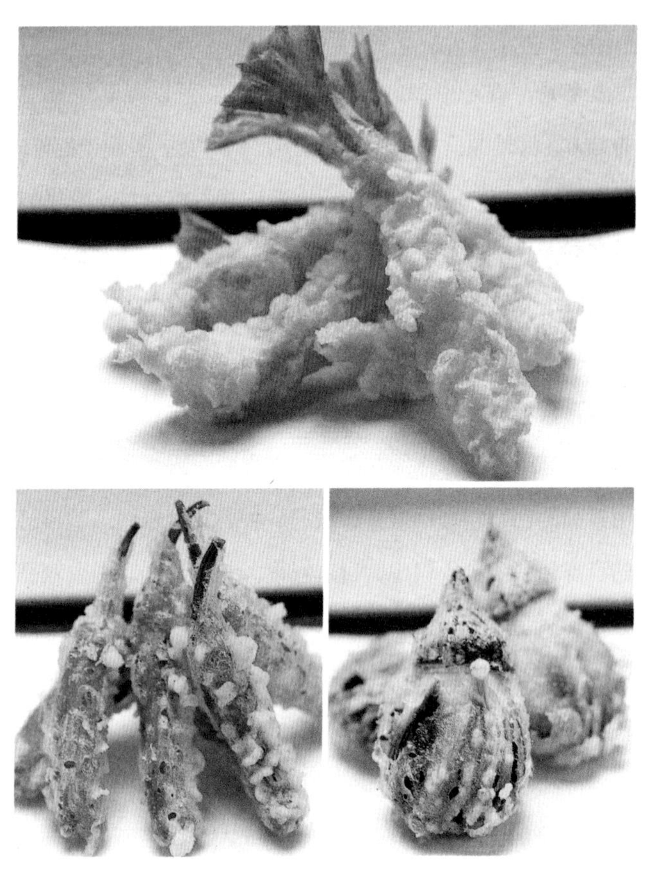

对罗兰·巴特而言，天妇罗由纯粹的形式构成，可以说是理想的食物。他写下：人们所寻求的并不是油炸食物本身，而是炸油的纯洁度。

在日本，面粉像散花那样把要炸的食物裹起来，这种面粉和得很稀，呈牛乳状而不是膏状；然后经过油炸，这种金黄色的牛乳状粉糊变得很松脆，稀稀疏疏地裹在食物上，这里露出一段粉红色的虾皮，那里露出一抹绿色的青椒，又露出一块褐色的茄子。”[1]

天妇罗具有一般油炸食品无论如何也难以企及的清爽特质，巴特如是说。地中海料理或中式料理都无法摆脱油脂的沉重，只有天妇罗从中获得自由。在得知天妇罗店最重视的是油的质量后，这位美食家继续写下：“客人花钱买的不是这种食物，甚至也不是那份新鲜（更不是为了餐厅的交通或服务条件），而是烹调过程中的那份纯净。”[2]

“烹调过程中的那份纯净”如果以另一种风格翻译，就是“油的纯洁度”。我相对偏向采用这个译法，这其实是非常贴切的。这道过去从葡萄牙传过来的料理，在数百年间做法已完全改变。变貌为可以在一瞬间诞生的，如空气般轻盈又相当脆弱的，一种全然新鲜、趋近于无的食物。巴特先生揭示：这象征着符号的空虚。喜爱日本料理的外国知识分子很多，但是像他这样会产生这么深刻的思考，并套用在自己的新理论中的，可以说是前所未见的吧。

巴特在发表这部日本论十年后的 1980 年 3 月 26 日因交通意外过世，享年六十四岁。日本的俳人难道不该将这一天命名为“天妇罗祭”，为他祈福吗？

1 罗兰·巴特：《符号禅意东洋风》，孙乃修译，台湾商务印书馆，1994 年。
2 罗兰·巴特：《符号帝国》，江灏译，麦田出版，2014 年。

武满彻的松茸滑菇意大利面

每次我跟武满彻[1] 先生见面，几乎都是在新宿黄金街的酒吧。他总是独自坐在吧台前，静静地喝着兑水加冰块的威士忌，偶尔也会看到他喝日本酒。电影圈的人经常聚集在那家酒吧，聊的话题通常也是电影。我没有跟武满先生聊过电影，只隐约记得他说：纽约有个新导演叫贾木许(Jim Jarmusch) 不错喔，最近忍者电影消失了。我在《周刊朝日》发表评论，是关于武满先生担任配乐的电影《乱》，他在杂志上市当天就读过了，而且表示同意。有一次，武满先生莅临我所任教的大学，并在艺术学科演讲，当时艺术学科才刚成立不久。他走路时眼睛几乎快睁不开了，说："哎呀，我昨晚熬夜为宫泽理惠演的那部电影写配乐呢。"他所说的就是敕使河原宏导演的《豪姬》。

武满先生一生中创作了大量的电影配乐。最初的契机

1 武满彻（1930—1996），日本 20 世纪音乐家，前卫作曲家。

是他爱好电影，之后是为了生活。所以最重要的一点是：他原本被归类在现代音乐领域，但电影音乐使他从既有印象中获得解放，激发出他自由尝试其他音乐类型的强烈动机。

武满先生与秋山邦晴合作，为小林正树的《怪谈》制作具体音乐（Musique concrète）的实验之作；武满先生为大岛渚的《东京战争战后秘史》创作现代爵士乐（包括即兴演奏的部分）；他还替羽仁进的《不良少年》创作民谣歌曲。在筱田正浩的《化石之森》中，武满先生以萨朗吉与塔布拉鼓这两种北印度乐器，加上电子小提琴为其配乐；在筱田正浩的《情死天网岛》中，他运用土耳其直笛（Nay）吹奏悲伤的音色，以忽然响起的打击乐器展开配乐。如果没有电影配乐这个门径，恐怕终其一生，都没有机会一窥通俗音乐或亚洲音乐的世界吧。电影配乐展现出作曲家武满先生内在的多样性，他精神上蕴含的柔软与好奇心，以及面对食材时所呈现出的独特细腻。武满先生原本被定位于现代音乐这个过去被揶揄为“全日本听众只有三百人”的小众领域。对他而言，电影配乐让他从既有音乐类型俗不可耐的眼光中获得解脱，也让他有很好的借口，与次文化、亚洲文化自由碰撞。

在武满先生过世后出版的《沉默的花园》（サイレント・ガーデン，新潮社，1999）这本书中，除他住院时写的抗病日记外，还收录了名为“卡洛汀的祭典”的食谱集。

他忍受着抗癌药物副作用带来的痛苦，每天勤于用彩色铅笔绘画，持续书写着五十一道料理的内容。其中有像“烤茄子”或“冷素面”这类，似乎相当平铺直叙的菜名；也有像“平凡的可乐饼”或“异国之鸟”“不简单的猪肉”之类，感觉有点奇怪的菜名。每道菜都附有插图，视情况定“早餐”或“午餐”“晚餐”的用餐时间，仿佛印度音乐中的传统曲调拉加（raga）一样，一切都已经安排好了。

武满先生在这段时间里写下的食谱中，究竟有几道菜是他在厨房里做过的？我们无法得知。不过，既然有些菜会特地注上“我最得意的菜肴”，那么这应该就是他常烹调的菜色吧。说不定武满先生的菜谱中也混杂着他接受治疗时出于无聊，躺在床上根据想象写出的料理。但就整体来说，这五十一道菜多少都洋溢着武满先生特有的细腻与多样性，以及清爽的感觉。我曾试着实际再现其中的十道菜肴，并强烈感受到了他的这些特质。见微知著，在这里我仅试着列举其中一道菜，以帮助大家了解武满先生的厨艺观。

“有道料理叫作‘松茸滑菇意大利面’(质地佳，而且口感清爽)。”由于住在长野县御代田町，武满先生在日常生活中会接触到松茸，因此才联想到这道料理吧。他毫不犹豫地同时运用最能代表日本的两种菇类，这样的创意很厉害。以充足的水煮意大利面（指定要一般粗细，或是较细的面），配上菇类的酱料，这些基本食材来自意大利料理。

制作松茸滑菇意大利面的食材。

在橄榄油里放入大蒜和去籽的红辣椒、奶油增添风味，再加上两种菇类炒熟。食材淋上添加白胡椒粉的白酒，灵感应该来自托斯卡纳一带的意大利料理吧。有趣的是，一开始调和油里加入了切碎的生姜，后来又加上少许鸡肉高汤块与水煮沸，后者在中国被称为“上汤”。这里忽然加入了强烈的中华料理旋律，而后为了形成对比，又动员了柠檬汁。注释中所谓的“清爽”，应该与这些微妙的调味步骤有关吧。

就这样武满先生还不满足。在意大利面浇上菇类酱汁后，顶端还以鱼子酱装饰。缀顶是武满料理中常见的手法，

武满彻的松茸滑菇意大利面乍看之下是意大利料理，其实是在日本食材里融合中式风味，装饰性丰富的创作，其中的细腻度令人联想到当事人所创作的乐曲。

感觉上有点儿像在交响乐中添加点缀的乐器。其实，鱼子酱并不只是放着就好了，为了缓和它的腥味要做一些处理。首先，一定要用柠檬皮增添香气；然后，佐上橄榄油与迷迭香叶；最后，撒上碾碎的黑胡椒粒，刨点帕玛森干酪，再回到意大利烹调的程序。这样这道料理才算最终完成。

我曾在意大利体验过四季变化，以我的观察，意大利人绝对不会制作工序这么繁复的料理。虽然菇类也是他们非常钟爱的食材，但是多半会搭配较粗的吸管面（Bucatini）。武满先生的这道料理中，搭配来自南方的红辣椒与北方的奶油的做法，还有为了消除腥味在香菇上撒迷迭香的构想，本就异于一般的意大利面做法。意大利人就算要运用香辛料，顶多是用来制作香肠，譬如在香肠中加入切成碎末的罗勒，以及筛过的番茄果肉或洋葱末。武满风的意大利面，看起来像是在依照意大利料理的方式烹调，实际上是以日本的食材为中心，巧妙地引用中国风味，又有细腻而富装饰性的细节，由此可见这是他独特的创作。

这是多么周到仔细的食谱啊。即使只用到某一种食材，也会以“汆烫过一遍，加盐、胡椒”或“加少许柠檬汁”之类的文字详细交代。像另一道鲍鱼饭的食谱，他则加上了毫不矫饰的注文：先将碾过的米跟昆布一起浸在水中，再在用奶油炒过的鲍鱼中加入盐渍发酵的乌贼内脏，以加强海洋的风味。跟檀一雄的《男子汉的家常菜》（檀流クッキング）相比，后者象征着充满豪快即兴要素的食谱，两者仿佛展开对照般的料理世界。

还有一件事难以忘怀，就是武满先生对香味的描述。热锅中的橄榄油再加上大蒜、生姜、红辣椒时散发的香气产生令人愉快的感觉，懂的人自然知道，但是在“正散发着美味的香气”时加上奶油，“为了添加香气”为鱼子酱搭配柠檬皮，从这样自然而然的搭配，可以推测出作者有多重视料理的香味。如果各位允许我做出这样的比喻：他似乎把各种各样的香味当成旋律，为了方便体验香气袭来与消散的过程，他想到通过料理来实现。在想通这个道理的瞬间，我忽然领悟到：对武满先生而言，撰写食谱与作曲同样都属于精神活动。食材就像乐器，香味就像旋律，烹调的过程就是演奏，品尝之人便是听众。在《卡洛汀的祭典》里收录的五十一道料理，也直接反映出他在电影配乐方面跨领域的多样性。

如果武满彻现在还活着，我想请问他以下三个问题：

1. 日本很晚才引进有声电影，默片到 20 世纪 30 年代中期才完全消失；出生在 1930 年的武满先生，小时候曾经在电影院听过现场的旁白吗？

2. 您喜欢忍者电影，那么有没有哪种忍术是您觉得自己也能做到的？

3. 假设由某位日本导演重新执导黑泽明的《白痴》，

邀请您演出梅什金公爵的角色，您会接受吗？是否有导演让您觉得值得尝试合作？

我作为电影史研究者，对问题 1 特别感兴趣。武满彻七岁前辗转在中国东北各都市生活，我想知道他儿时的电影体验，对于那部写得很美的《梦的引用》电影论，究竟造成了什么样的影响？问题 2 是因为我撰写过关于白土三平忍者漫画的文章，所以想到的。问题 3，纯粹是基于个人想象的题外话。

某次，有人问武满彻，在黑泽明的电影中他最喜欢哪一部？经过一阵沉默之后，他说："可能是《白痴》吧。"当时，我凭直觉认为，二十五岁的武满彻正是全日本最适合饰演梅什金公爵的人。我现在觉得很后悔，以前要是鼓起勇气问他就好了。我想武满先生可能会苦笑着回答："说不定忍者电影还比较合适一点。"

小泉八云的克里奥尔料理

小泉八云也就是拉夫卡迪奥·赫恩（Lafcadio Hearn，1850—1904）。他在19世纪末来到日本，在松江中学教英文，同时也留下富有美感的文章，记录在急遽近代化、西方化过程中丧失的“古老而美好的日本面貌”，我想这是众所皆知的事情吧。然而，他在来日本之前曾长期待在新奥尔良、加勒比海马提尼克岛的这段经历，意外地没什么人知道。

当时的新奥尔良由法国殖民地回归美国不久，当地融合了法国文化与黑人文化，加上港都特有的世界主义（cosmopolitanism），成为在文化领域非常有活力的都市（没过多久，爵士乐就在这里诞生了）。虽然世界主义对新奥尔良各方面的影响程度不一，但在文化上确实碰撞出新的火花。深深吸引赫恩的，正是名为“克里奥尔[1]文化”的

1 克里奥尔，西班牙文 criollo 或葡萄牙文 crioulo 指“在原有土地以外的地方生长”，后来克里奥尔衍生为在新大陆与中美诸岛出生的黑人、在殖民地出生的白种人，以及当地混血儿等多重含意。

混血文化。他深入当地混血儿的社会，采集民间故事与谚语，留下生动描写当地风俗与生活样貌的作品。更贴切地说，如果要给这些作品在他五十四年的人生里排列先后顺序的话，那么《怪谈》《不为人知的日本面容》（知られぬ日本の面影）等关于日本的著作，或许可以说是他先从克里奥尔文化获得方法论之后，再善加运用撰写而成的作品。无论是对在密西西比河捕乌龟的黑人，还是对在出云宍道湖捞大颗血蛤的日本人，赫恩都秉持同样的观察眼光。

赫恩的父亲是爱尔兰人，母亲是希腊人，赫恩终其一生持续着无休止的迁徙。他出生在希腊的一座小岛上，幼时搬到都柏林，接受严格的天主教教育。他十九岁时渡美，在从事过各种各样的工作之后，以记者的身份活跃于辛辛那提、新奥尔良。接着，赫恩去到法国远在加勒比海的殖民地马提尼克岛 [Martinique，现在是法国的一个海外大区（région d' outre-mer）]，再经由纽约前往日本。身为混血儿，诞生在两种不同文化的夹缝间，赫恩观察到所到之处不同文化间的互相融合，统治者的近代文化与殖民地文化互相对立、竞争，变化、融合成出乎意料的事物，并凭借细腻的感受将其书写下来。尤其对于视力接近盲人的赫恩而言，口述文化譬如文盲之间的口承传统、音乐、叙事，是他接触异文化时最重要的媒介。

在食物方面也不例外。赫恩待在新奥尔良时，似乎深受克里奥尔料理吸引，甚至还开过餐厅，最后以失败告终。不过，正因为这段经历，《克里奥尔料理读本》（*La Cuisine Creole: A Collection of Culinary Recipes*）这本书得以诞生，于 1885 年出版。正如作者在序言里提到的，这是世界上第一本克里奥尔料理食谱。不过，他对克里奥尔料理的探索不止于此。1887 年，赫恩无意间决定环游加勒比海各岛，并被马提尼克岛之美吸引，他原本只打算停留两个月，结果却在当地住了两年。这段生活也被写成著作《旅居西印度群岛的两年间》（*Two Years in the French West Indies*），内容经常提到当地的料理。这次我从这两本书中选出三种料理试作，包括龟肉料理、皱胃（牛的第四个胃）料理，以及用鳕鱼干制成的料理。

第一道料理是龟肉料理。在密西西比河汇流入墨西哥湾的新奥尔良河口城镇，有多样丰富的水产料理食谱，食材包括螯虾、牡蛎、乌龟、蟹类，鳟鱼等淡水鱼，以及鲭鱼、鲷鱼等海鱼。水产料理中特别出彩的是龟肉料理。如果乌龟栖息在淡水中，要先用热水烫过之后再放入盐水里煮。把龟壳剥开将肉切块，再用盐、胡椒、卡宴辣椒（cayenne）、肉豆蔻皮等佐料调味。裹上奶油与面粉后，将龟肉放在火上烤，端上餐桌前再洒点雪莉酒。食谱记载，把龟肉盛在烤奶油吐司上吃也可以。这道龟肉料理中运用到的奶油和面粉，留下这道菜从法国料理演变而来的痕迹，添加卡宴辣椒这点则很有克里奥尔料理特色。这个变化就像将法语活用，把发音简化之后再融合其他语种，形成克里奥尔语一样。两种变化仿佛平行发生，在文化上相当耐人寻味。

熬煮龟汤后，再加入大量奶油。看起来带有法国风的白色球状物是龟蛋。

如果是海龟的话，情况又稍微复杂一点。首先要将海龟头斩下，去除甲壳，把肉切成块状。通常在制作龟肉料理前，要先将胆囊取出，如果少了这道手续，整道料理会渗入胆汁，味道将变得很苦。然后将零星的肉与骨头放入水中炖煮。如果用餐人数较多的话，单靠龟肉分量可能会稍显不足。赫恩以轻松的笔调写着：这时加入小牛蹄就好，或许添加牛胫骨肉或牛蹄腱一起炖煮会更适合吧。为了消除腥味，可以先加点柠檬片、胡椒粒、香芹和葱。用小火长时间炖煮，过滤汤汁之后继续煮，最后加入马德拉酒与奶油、面粉，并再度放入柠檬薄片。还有一种别的办法，就是一开始先用牛肉与洋葱、培根、香草等熬汤，加入另用清水煮的龟肉汤混合，再加上红酒与卡宴辣椒、番茄酱调味，形成强烈的风味。然后放入煮过的龟肉继续煮，最后当盛在大盘子里时添上鼠尾草风味的肉丸，或是在汤里加点儿咖喱粉调匀也可以。

在烹调时过滤汤汁，或长时间炖煮，基本上都是法国料理的做法，但是在这道龟肉料理中却发生了微妙的变化，赫恩在其中加入各种香料，并将食材置换成墨西哥湾当地的食材。我试过前一种烹调方式，老实说我觉得过程非常麻烦，尤其是难以掌握墨西哥湾乌龟的大小。考虑到食材购买的便利性，我向横滨中华街熟悉的鱼铺买了一只鳖，没把握能再现出几分赫恩尝过的滋味。实际上，我做出来的鳖肉料理的确很有意思。鳖肉与牛胫肉都含有胶质，一起久煮之后肉质变得很柔软，香草去除了鳖肉特有的腥味。最后，加入的大量奶油让我觉得有点儿难以消化，或许是因为自己平常习惯了鳖肉火锅原本简单的滋味。翌日早晨，我观察锅底剩下的一点儿鳖肉汤，发现汤已经凝固成了冻状。

第二道料理是皱胃料理。这种食材一般在意大利或法国会先久煮去除腥味后，再跟蔬菜一起炖煮，赫恩则建议煮过先切块，再用培根油炒。皱胃并不是特别具有风味的食材，在下锅炒之前要先用胡椒盐调味，这就不必多解释了，另外，还要撒上面包糠或饼干屑。最后，再加上用锅内剩下的油、醋与面粉调和而成的酱汁。淋上酱汁并用蘑菇点缀，这道皱胃料理就完成了。除皱胃本身独特的嚼劲外，这道料理还混合着饼干清脆的口感、培根的香气、醋的些许酸味，虽然是道简单的料理，却也令人觉得相当愉悦。

将皱胃煮过之后用培根油炒，再添加蘑菇。

以上料理都是根据《克里奥尔料理读本》烹调的，鳕鱼干料理则采用《旅居西印度群岛的两年间》里的食谱。新奥尔良是汇集了各种食材的大城市，马提尼克岛则是比冲绳本岛还小的岛屿，两者虽同属克里奥尔文化，但规模却相去甚远。即便如此，我还是想试着比较看看两者的饮食文化。

运用到鳕鱼干的料理在全世界都有，在新奥尔良是把鳕鱼干浸泡在水中一晚后，用热水烫过，让鱼皮剥落只剩下鱼肉后，切成片状放入炖锅。为了增添法式风味，添加奶油、面粉，以及足量的牛乳，用小火加热，撒点胡椒粉之后端上餐桌，也可以用切片的水煮蛋或香芹装饰在鳕鱼肉周围。另一种做法是把鳕鱼肉跟土豆泥混合，搅拌成泥状，加入奶油与胡椒后再放进烤箱加热。

在马提尼克岛当地，鳕鱼干料理的制作工序没有那么复杂。赫恩雇用的黑人女厨师最擅长的做法，同时也是赫恩最喜欢的做法是清煮鳕鱼。其做法是将泡发后的鳕鱼干煮熟，然后再加上辣椒，最后缓缓淋上橄榄油，这是道非常简单的料理。这道菜跟龟肉料理不同，可以很轻松地完成，我想应该源自与法式料理无关的非洲料理。根据赫恩记载，有人会在自己家烹调这道菜，也有人会在小摊上购买成品。马提尼克岛相对富裕的阶层应该会吃更复杂、更接近法国料理的菜色，但是当地的黑人应该是每天吃清煮鳕鱼这类食物的。赫恩敏感地觉察到，食物也能反映出阶级的差异。正因为如此，他才特地记下这道简单的鳕鱼干料理吧。

清煮鳕鱼是先将鳕鱼干泡水后再煮，只淋上浸泡过红辣椒的橄榄油的料理。深受马提尼克岛民众喜爱，是道简单而寻常的菜肴。

包括清煮鳕鱼在内，鳕鱼干在克里奥尔料理中占了相当大的比重。左为半干燥的鳕鱼肉，右为完全干燥的鳕鱼肉。

我的祖父四方田保出生于西南战争 (1877) 刚结束后不久的松江杂贺町，他曾在松江中学跟赫恩老师学过英语。在这群穿着絣织（ikat）衣物、理光头，说着不完整英语的中学生面前，赫恩是否提过已成为往事的湛蓝的加勒比海与密西西比河？我无法得知。也许他虽然觉得是遥远的异国故事，但仍然会不经意地说出某些回忆。关于松江料理，赫恩并没有留下特别的记载。我曾猜想自己童年那些熟悉的当地食物，像是出云荞麦或出云野烧等，说不定他曾在相关文章里写过感想，但遗憾的是我没找到。或许是因为他在“众神之国”出云专注于采集民间故事，而没有时间顾及料理的缘故吧。

《未来主义食谱》，1932 年首版及内页。

意大利未来主义式的各邦国套餐

料理究竟能不能成为一种艺术呢?

这次我想介绍意大利未来主义宗师马里内蒂(Filippo Tommaso Marinetti，1876—1944)，在料理艺术化的领域，他是位极为独特的艺术家。马里内蒂曾极力宣言:“现在，以未来主义为基础，人类的用餐方式首度诞生。所谓的用餐是种艺术，跟其他的艺术相同，不能剽窃，必须具备创造方面的原创性。”

在20世纪的意大利艺术史上，马里内蒂是一位非常具有话题性的人物。他组织“未来主义”团体，提倡汽车与飞机是现代的美学，热爱速度与机械。他年轻时跟墨索里尼谈过话以后，参加了“法西斯主义运动”，宣称吃了意大利面之后会变成笨蛋，强烈否定传统意大利料理及其背后的意大利文化。到了20世纪30年代，他有时热衷于表现厨艺，致力于把料理提高到可跟绘画、雕刻、诗作匹敌的艺术领域。那段记录集结在《未来主义食谱》这本书中，留下了数十种出人意料的菜单，像是只能在黑暗的室内接触的料理、埋藏着用硝化甘油制作的小型炸弹的牛轧糖等。

像这样的食谱，光读文字确实非常有趣，可一旦要实际烹调，就会时不时遇到困难。我这次选择了相对“稳当”，可能做得出来的料理，实际委托意大利餐厅烹调后试吃。这次试吃的料理就是出自马里内蒂的盟友，有“未来主义航空画家”之称的菲利亚（Luigi Colombo Fillia）的构想，名为“意大利各邦国总汇”的晚宴套餐。

这组套餐由四道菜加一道甜点构成，品尝时会感觉像是一口气游遍了意大利，从北到南，甚至越过地中海抵达曾经的意大利殖民地。这组套餐对就餐环境有着严格的要求，餐厅的天花板必须是蓝色的；在餐厅四面的玻璃墙上，须绘有未来主义画家的巨幅画作，画作描绘阿尔卑斯山与田园地带、火山及南方的海。用餐者不是光负责吃就好，请你们看右上方的照片。在正式用餐之前，一定要用亚甲基蓝[1]将双手染成蓝色（这次只有在这一点上，我改以蓝色的手套代替）。因为用餐这项行为本身，也是种视觉表现的构成。

1 化学药剂，应用于染料、生物染色剂和药物等方面，也运用在生物实验、刑事案件鉴识血迹中。

（右）笔者戴着蓝色的手套用餐。

（下）绘有未来主义画家巨幅画作的玻璃墙。

一开始，要在画着山脉风景的玻璃墙上用射灯照明，房间的温度一定要调到像早春般春意盎然。这时再将“阿尔卑斯之梦”这道菜呈放在眼前。用栗子泥包覆着鸡蛋形的小雪酪，置于苹果片上。盘底盛着意大利皮埃蒙特的红酒，撒上坚果。这应该是像在都灵之类的城市，从意大利北部眺望阿尔卑斯山的景观，我们要通过这道料理再现其中的魅力。实际品尝的结果：雪酪的清爽、栗子泥的黏稠、

“意大利各邦国总汇”晚餐的第一道菜“阿尔卑斯之梦”。用栗子泥包覆雪酪，放在苹果片上，呈现出覆盖着雪的阿尔卑斯山意象。

红酒的独特风味混合在一起，是道令人愉悦的意式开胃菜。

这时稍早投射照明的光线要暗下来，另一盏射灯的光投射在画着低缓丘陵、蓝色湖水，闪耀着金属光辉的第二面玻璃墙上。就像《蒙娜丽莎》的背景一样，描绘着托斯卡纳地区的田园景象。此时，室温也要跟着上升。第二道菜“文明化的田园”登场。食谱中提到要将煮过的米用模具压成小蛋糕状，以大片柔软的玫瑰叶、蛙肉、熟透的樱桃点缀包覆。这其实没什么稀奇的，也就类似日本的握寿司。当时没过多久，东京就出现了“日本未来派”集团呼应未来主义，马里内蒂一派与东方国度的艺术家之间，除了以满足彼此的形式理解对方外，或多或少还有些交涉。而且当时法西斯主义即将以“轴心国”的名义联合意、日、德

第二道菜“文明化的田园”。以叶用甜菜的嫩叶包裹着樱桃、蛙肉跟米饭，是很像握寿司的一道菜。这难道是受同属“轴心国”的日本影响?

三个国家的力量。所谓的墨索里尼钢笔在日本卖得还不错，而意大利那边或许对日本料理也感到好奇吧。这道料理从比较文化史的观点来看，可以说是饶富兴味的。

关于蛙肉的部分，书里只注明要先把骨头去掉，究竟要生肉，还是烹调过的，并没有指明。如果依照正统的握寿司做法，说不定应该是生肉。这次为了慎重起见，我们请厨师以烤过的蛙肉捏成寿司，风味类似星鳗寿司，的确非常好吃。虽然我们以叶用甜菜代替玫瑰叶，但是对于制作新种类的寿司来说，倒是很适合。未来派预言了半世纪后，全世界的寿司热潮即将来临，就这点来看真不愧是未来派。马里内蒂在这道料理的注文中写道：当客人品尝这道料理时，一定要让旁边的仆役闻到天竺葵温暖的香气。

第三道菜“南方诱惑”。以茴香为核心，在周围覆盖羊肉，注入卡普里岛的红酒。一道蕴含着维苏威火山威力的菜肴。

第四道菜“殖民地的本能”。在鲈鱼的腹中填入椰枣、香蕉、柳橙等地中海地区的物产，摆放在盛着马尔萨拉红酒的食器中。法西斯主义时期的意大利曾经统治过利比亚，这段历史也从这道料理中浮现。

接下来要将室温升高到像夏天一样热，把光投射在画着火山的玻璃墙上，这令人联想到快要爆发的维苏威火山。这时，环游意大利之旅来到那不勒斯，所以象征“南方诱惑”的肉类料理登场。在茴香的粗茎里填入芜菁与橄榄，周围用烤羊肉片包裹，再注入卡普里岛的红酒。这的确是道豪快的料理。红褐色的肉塔看起来像火山，一旁装点的红色的芜菁外皮与绿色的芜菁叶，或许就像庞贝或埃尔科拉诺这类山脚下的城市吧。用餐刀切开肉，原本从外面看不到的茴香茎显露出来，带来意大利南部活力洋溢的气息。

最后，光投射在第四面玻璃墙上。室内的温度已经高到令人难以打起精神来。以泛着泡沫的海洋上耸立的岛屿为背景，端上来的是名为“殖民地的本能”的鱼类料理。在大尾的乌鳢或红秋姑鱼（这次以鲈鱼代替）内填入蟹肉、长角豆，以及椰枣、香蕉、柳橙的切片，将它们浸在马尔萨拉红酒中。马里内蒂特别指出，酒一定要带有强烈的康乃馨、金雀花、洋槐香气。

第一次世界大战后，意大利从奥斯曼帝国手中获得利比亚的控制权，并侵攻埃及，成了有殖民地的国家。这道菜最饶富兴味的地方，在于象征地中海南侧阿拉伯文化圈的椰枣与长角豆。伊斯兰教禁酒，当地不允许酿造葡萄酒，因此这道料理中选用了意大利边陲西西里最西端的马尔萨拉的红酒。但是创作者在表现意大利殖民地风情时，并没有提到孜然或红辣椒这类属于阿拉伯料理基底的香料。应该说，跟强烈的香料相比，他选择了康乃馨，身为殖民者对当地的认识也的确有限。关于鱼的菜肴没有特别规定什么，所以这次采用了最简单的烤法。将马尔萨拉红酒煮过之后注入器皿中，红酒与白肉鱼形成了不可思议的风味。

马里内蒂及友人的这组套餐创作于 20 世纪 30 年代前半期，正是法西斯政权在意大利建立已大约十年，意大利文化整体倾向于法西斯主义的时期。过去标榜反意大利的未来派也渐渐改变了样貌，从这些料理中，确实可看出向外国展示观光魅力，以及潜藏的宣扬国威的精神。

意大利曾长期处于分裂，在 19 世纪后半叶加里波第统一运动成功之前，只有一些公国或王国零零散散存在着。因此即便到现在，意大利各地方或都市的独立意识仍然很强，意大利北部以都灵为中心，盛行着独立运动。面对这样的倾向，墨索里尼总是极力主张意大利只有一个，而且是一个完整的国家。看到“意大利各邦国总汇”的套餐菜单，就明白这组套餐基本的意识形态。看到实际上调理的食材，除强调各地气氛的观光色彩外，每一道菜都用到红、白、绿这三种构成意大利国旗的颜色。第四道菜地中海风的鱼类料理特地搭配了椰枣，有可能是出生于埃及亚历山大港的马里内蒂个人的坚持。令人感受到他出于无论如何得将殖民地与本国相连接，想建立更广大、强固、美丽的意大利的意志。

说实话，这次会特地进行试吃是因为我抱持着先入为主的印象，认为未来派的餐桌只能提供欣赏而已，味道恐怕不怎么样吧。但是，实际上尝了这四道菜之后，我必须承认这些的确是相当不错的菜肴。在这篇文章的开头，我提出“料理究竟能不能成为一种艺术”的疑问。不过，现在这个问句恐怕要改写了，那就是：料理究竟能不能成为一种政治呢?

芹菜沙拉（上）、白萝卜拌渍物（左）、芹菜煎饼（下）。在一般印象中，立原正秋是位豪爽的男性料理人，在他的日常餐桌上，出现的是其年幼时在朝鲜山中所熟悉的野菜料理。

立原正秋的韩国风山菜

人们经常说：食物代表着记忆。尤其是从小就离乡背井，再也回不去时，味觉就会在怀旧中苏醒。

立原正秋（1926—1980）这位作家，在我印象中一直是个缺乏安定感的人。他总是穿着和服在古寺里散步，对中世（1086—1590）的庭园与能乐有很深的造诣。喜好剑术，切鱼的技术是专业级的。陶瓷器与日本酒他也曾深入研究过，他总是滔滔诉说着男人的志向应该如何等。据说他有朝鲜贵族的血统，自尊心应该很强，老实说我很怀疑，他对日本的传统文化究竟抱持有多纯粹的归属感。听说他曾在镰仓的山中特地建构宅邸，虽然像是作家的行径，但是却给我难以接近的感觉。

直到读了高井有一[1]写的立原正秋评传，我对他的印象有了大幅改变。据这本传记记载，立原正秋的本名叫金

1 高井有一（1932—2016），日本艺文记者、小说家。1992年，因《立原正秋》一书获每日艺术奖。

胤奎。1926 年，他出生在日本统治下的朝鲜庆尚北道安东附近山村里一个非常贫穷的家庭。在他五岁时父亲就过世了。母亲搬迁到当时的“内地”横须贺，并在当地再婚。横须贺在战前（二战时期，日本发动侵略战争以前）就有海军基地，在军需工厂工作的朝鲜人定居在久里滨，形成村落。十一岁的立原跟着母亲搬到这个村落，就读于当地一般的高等小学校，开始了他在日本的生活。也就是说，对他而言，日本文化不属于自身，必须要向外面对，绝非与生俱来熟悉的事物。但是他非常努力成为一个日本人，并成为在急速近代化的过程中，持续丧失的日本传统美意识的殉道者。他与原先朝鲜人定居的村落诀别后，在相距仅有十五千米远的镰仓建造宅邸，迈向流行作家之路。在了解立原这样曲折的生涯之后，重读他所遗留下来的小说与日本文化论，便领悟到了更深的含义。我跟许多醉心于立原的读者不同，是在我自己年轻时去过韩国，熟悉当地的风土人情之后，才特别意识到他作为在日韩国作家观点的独特。

立原过世后，他的夫人立原光代所写下的《立原家的餐桌》(立原家の食卓)，对我而言是本特别重要的书。从这本书可以清楚看出，立原对于出生地朝鲜的食物记忆。名字或经历或许会被改写，但是在童年时期形成的味觉记忆是无法隐瞒的。接下来就试着举几个例子。

在《立原家的餐桌》这本书开头出现的，是用早春山菜制作的料理。立原正秋好像很喜欢摘款冬。根据夫人的回忆，以前他们住处附近的堤坝就长有款冬，在温暖的阳光照射下，想摘多少回去当餐桌食材都可以。

款冬要选择叶子形状漂亮的，迅速地氽烫过再沥去水分。将叶片多余的水从上往下用手指挤出后，漂亮地摊在盘子上，先叠上好几片。取一片叶子摊在手上，只放上一口热饭。上面再盛上特制味噌，用叶片整个包起来送入口中。特制味噌是在普通的白味噌里加上现磨的姜泥、葱末、砂糖、酱油、麻油混合而成的。当然，用于包裹饭跟味噌的菜叶不限于款冬叶。春季的包心菜叶也好，柔软的茼蒿叶也好，一般的莴苣叶或红莴苣叶都可以。

实际上制作试吃后，我发现这道乍看之下很单纯的料理，实际上带有相当复杂的口感与风味。款冬叶的冷与微苦，与米饭的温暖、味噌的甘甜、麻油的香气混合在一起，让人一下子感到食欲旺盛。

我觉得这道用早春山菜制作的料理很明显就是韩国的菜包饭（쌈밥，音近 Ssam bap）。特别喜爱登山的韩国人会摘取山菜，在山菜上面盛好刚煮的饭，蘸上调和味噌吃。这本来是农民在耕种之际休息时吃午餐的饮食形态。吃韩式烤肉时也一样，用莴苣叶将肉跟米、大蒜片包起来放入口中，塞得脸颊都鼓起来。咀嚼巨大的菜包饭尽情地大快朵颐

采用款冬叶的叶菜包饭，左上方是立原家特制的味噌。

时的充实感最为重要，所以包裹食材用的是裙带菜还是海苔都没问题。Ssam（包裹）在韩国料理中，是最基本的形态。那已是 20 世纪 70 年代的往事，当时我还住在汉城（今首尔），跟着一群大学生去健行时，在绿意盎然的山中

吃了很多这种菜包饭，大家轮流喝着一种叫作马格利（막걸리，音近 Makgeolli）的白浊米酒。

关于立原家的特制味噌，我也要稍加解释。本来，在日本没有人直接用麻油。在沙拉油普及以前，使用麻油时通常会先加热，将未加热的麻油直接混入味噌是韩国人的习惯。在韩国，叶菜包饭所用到的味噌，是将糯米发酵后，加入砂糖与辣椒粉、盐熟成后的韩式辣味噌（고추장，音近 Gochu-jang），再加上蒜泥跟砂糖、麻油等的调和味噌。作为餐桌上搭配蔬菜的调和味噌，各家的做法会有微妙的差异。立原家以葱跟生姜代替大蒜，而在味噌里加入麻油，让香味飘散开的基本原则并没有改变。立原生存的时代当然不像现在，可以轻松地在超市购买韩国料理的食材，要取得韩式辣味噌只有在东京或川崎的韩国人村落才有可能。在这样的情形下，立原除了努力回溯故乡的记忆，也思考着调和自己独特的味噌，味道渐渐地偏向日本风。

立原夫人还提及其他几道运用山菜的料理，接下来再向各位介绍一两道使用芹菜的菜肴。将新鲜芹菜洗干净，用酱油与醋、葱末、七味粉等调味。在和食中像芹菜这类蔬菜，一般会先汆烫过再加酱油调味。但如果生吃，明显味道会更香，口感也会更好。韩国将山菜称为“Saengchae”（생채），无论是芹菜还是茼蒿、菠菜，甚至韭菜等，首先考虑的食用方法都是生吃。这时会下功夫调制酱料，材料包括

酱油、醋、砂糖、辣椒粉、蒜泥、捣碎的芝麻、麻油，以及前面提到的韩式辣味噌，然后跟蔬菜拌匀佐味。立原家的酱料起源很明显来自 Saengchae 的传统做法。

立原夫人所提及的其中一道芹菜料理是芹菜煎饼。将芹菜切成三厘米左右的小段，混入掺进少许水调匀的面粉糊中，在平底锅上薄薄地涂上一层面糊。两者的比例最好是芹菜的绿比面粉的白更明显些，将煎好的饼切成一口大小，蘸着用葱末、酱油、砂糖、醋和豆瓣酱调制的辣酱一起品尝。这也跟韩国家庭料理中常见的绿豆煎饼（빈대떡，音近 Bindae-tteok）类似。有一种说法，绿豆煎饼又被称为“穷人的饼”，绿豆粉与面粉加水调和后，放入豆芽或紫萁，甚至是泡菜，自己爱加什么就加什么，放在铁板上烤，要吃时蘸着以酱油为基底的酱汁。近年来，日本的韩国料理店多半会推出稍微有些变化的薄饼，称为“煎饼”(찌짐，音近 Jijim)，很多人应该都知道吧。立原家的煎饼可以说是比这更简单、带有田园风的食物。立原年幼时曾在庆尚北道的山村生活过，我可以想象当这道料理偶尔被当成点心端出时，他脸上浮现出的喜悦表情。

最后我们来看渍物的做法。《立原家的餐桌》提到，立原正秋不会直接吃渍物。他喜欢将白萝卜切细，用盐搓洗过后，混合葱、生姜、红辣椒粉等拌匀后吃。根据立原夫人回忆，跟渍物相比，拌白萝卜的滋味更显美味，当然，如果试着转换这个想法，就会明白这道菜其实是白萝卜版的速成泡菜。

说起泡菜，日本人很容易联想到白菜，但是白菜泡菜是到 20 世纪才开始普及的，在那之前，泡菜的主流食材是白萝卜、芜菁和小黄瓜。在这类蔬菜上撒盐，使它们软化，再加上辣椒或葱、大蒜等香辛料，促进乳酸菌发酵。这时绝对不能忘记加一点点韩国渍物提味，如果少了它就无法形成独特的风味。而韩国渍物当中用小虾制作的虾酱，浮在虾酱上层的酱汁至关重要。在韩国尤其是西南部的人以爱吃渍物闻名。以前我去木浦旅行时，在食堂一坐下来，店家立刻就会端来盛着四种渍物的小碟子排放在桌上，这令我印象深刻。另外，白萝卜制作的泡菜奇妙地跟海鲜很搭，在寒冬吃生蚝佐这种泡菜，实在是绝妙的味觉体验，分不清自己究竟是正在吃白萝卜，还是正在吃生蚝。我推测立原风格的渍物，应该也受到过类似经验的影响吧。

这么一想，立原正秋选择镰仓作为最后的居住地，不见得就是虚张声势想强调作家的身份，我觉得更可能是：镰仓跟他小时候所生活的安东山村，有着类似的气氛吧。他要是知道日本现在流行韩国风，不知道会有什么样的感想呢？这么一想，1980 年，立原在五十四岁时就过世了，多少令人感到可惜啊。

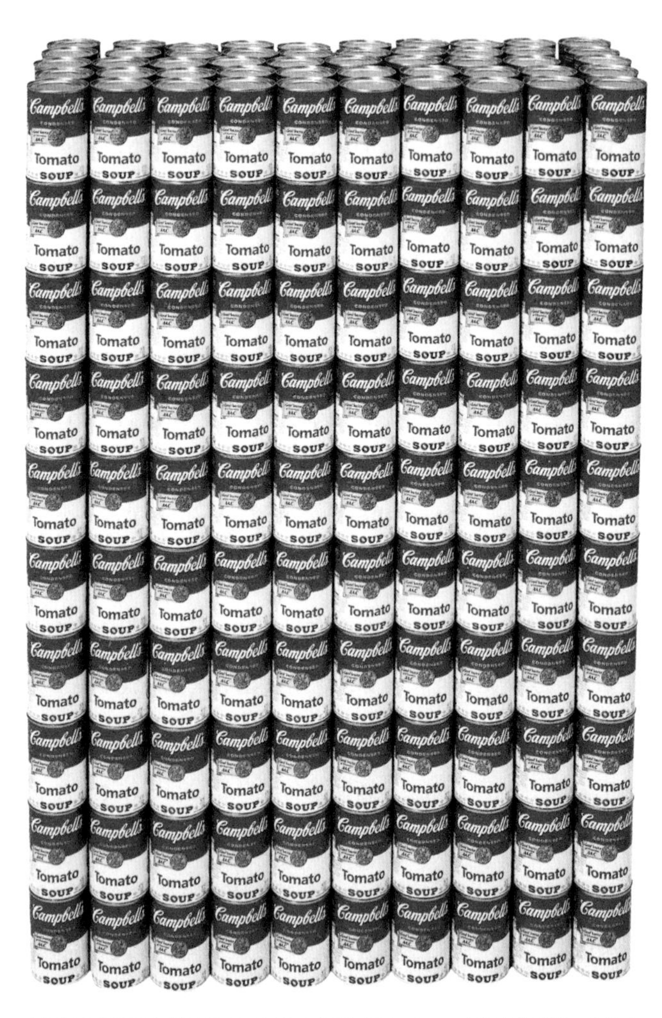

我们试着将沃霍尔的作品《一百个金宝汤罐头》（1962）以实物再现。在这个世界上，应该没有其他人将这个玩笑认真实现过吧。

安迪 · 沃霍尔的金宝汤

有人问我为什么画罐头浓汤？因为那是我常吃的东西。过去二十年间，每天，我都吃一样的午餐，一直都吃同样的东西。有人说，我的生活左右了我，不过我喜欢这种说法。

纽约的波普艺术家安迪·沃霍尔（1930—1987）在访问中曾这样回答。他的父母是斯洛伐克的贫穷农民，沃霍尔从匹兹堡的理工大学毕业后，曾经想当高中美术老师，却遭到回绝。后来，他下定决心前往纽约，住在下东区的破旧公寓里，过着贫穷的生活，从事商业设计让他崭露头角。沃霍尔计划在三十三岁时成为艺术家，后来非常成功。20 世纪 60 年代到 80 年代，他是纽约艺术界的宠儿，众所周知他集荣耀与名气于一身，过着随心所欲的日子。

自从 1962 年发表了一系列金宝汤罐头画作后，沃霍尔一跃成名。首先，在洛杉矶最早的个展，发表名为“三十二个金宝汤罐头”（32 Campbell’s Soup Cans）的画作。如字面叙述，他将三十二个金宝汤罐头逐一放大描绘。接下来，他在纽约发表了缜密排列着两百个罐头的画作，以及将售价十九美分的牛肉汤罐头打开的亚克力绘画。他跟同时期推出画作的罗伊·利希滕斯坦、克莱斯·奥尔登堡一起引发话题，如果借用保罗·瓦莱里的说法，就是“一觉醒来，暴得大名”。金宝汤罐头可以说是象征 20 世纪美国艺术的图像之一。将在大众消费社会中到处流通的平凡图像，故意赋予属于特权阶级的艺术封号，金宝汤罐头可以说是体现波普艺术哲学最适合的食材。

在本篇开头引用了沃霍尔所说的话，不过他是否真的连续二十年都食用金宝汤罐头，相当令人怀疑。因为以波普艺术的哲学，人们缺乏内在深度、纯粹维持表面才符合理想状态，难以想象沃霍尔会诚实地公开个人偏好与生活习惯。他采取的基本态度是：接受采访时，思考着对方希望我说什么，然后依照这个标准回答。属于自己刻板印象的影像流传在世界上，而关于自己的真实样貌外界却难以得知，这正是他理想中的生活方式。

根据沃霍尔的传记记载，他从年幼时就展现出相当固执的个性，让母亲感到头痛。他的母亲朱莉娅·沃霍尔跟着丈夫从斯洛伐克来到美国，几乎不会读写，与生俱来的农民气质至死不曾改变。她为了溺爱的儿子前往纽约，对于沃霍尔在超市购买现成的浓汤罐头果腹的行为，感到不可思议。所以，沃霍尔经常食用浓汤罐头的时期，顶多是在跟母亲同住之前，还住在下东区的短暂时期吧。

金宝汤是美国具有代表性的大型食品公司。光是番茄汤、奶油蘑菇汤、鸡汤面三种罐头，每年在美国境内的销售量就高达二十五亿罐。这也意味着，平均每个美国人一年会消耗九罐。在 2000 年，金宝汤罐头年度销售额是六十二亿美元。当然，金宝汤罐头在国外也很有名，有超过一百二十个国家在贩卖两百种以上的金宝汤罐头汤品。日本也不例外，在 20 世纪 50 年代引进并推出了七种日本风味的金宝汤罐头。我问过好几位认识的美国人，虽然市面上还有很多家比金宝汤更便宜的罐头汤，但是毕竟这是老品牌，购买这个品牌感觉相对安心。

1869 年，第一条横贯北美大陆的铁路刚竣工时，新泽西州的蔬果商约瑟夫·坎贝尔与认识的人共同出资设立罐头公司，成为这家大食品企业的开端。1897 年，浓缩汤开发成功。翌年，红白标签设计的罐头汤就开始上市了。康奈尔大学与宾夕法尼亚大学会固定举办足球赛，金宝汤公司的董事长观赛后，对康奈尔大学的红白制服印象深刻，因此金宝汤罐头的外包装设计成了非常具有特色的红白色，并沿用至今。十盎司（约三百毫升）的罐头仅十美分，这吸引了许多身为全职主妇的母亲。1900 年，金宝汤罐头在巴黎万国博览会荣获金牌奖。到现在，有些金宝汤罐头标签中央仍印着金牌，正是旧时留下的纪念。在第二次世界大战期间，发展出各式各样运用浓汤罐头的食谱。金宝汤罐头经典的“嗯，嗯，好吃！”的广告语，以及继续为金宝汤罐头推出的新食谱使金宝汤渐渐成为代表美国的国民汤品。

正好前一阵子，由于学会的关系我前往纽黑文市，趁着空档去逛超市。正如我所预料的，超市有一区壮观地陈列着金宝汤罐头。总共超过三十种的浓汤罐头整齐地排列在数个架层上，仿佛沃霍尔的作品一样。我从中选购了四罐。认识的耶鲁大学教师面露不可思议的表情询问：你为什么要特地来这里，买这种东西当纪念品？我当时回答，这是为了探求学问。

《艺术新潮》编辑部联系了在日本进口经销金宝汤的公司，该公司为我们准备了十种不同的罐头汤品。这家公司还提供协助，另外借我们四百八十个空罐供摄影用。我想世界上知道沃霍尔作品的人很多，但是特地以实物重现画作的，这应该是第一次（恐怕也是最后一次）。依我之见，这或许可称为是对波普艺术提出批判的后设艺术。

接下来，开始进行试吃。说来其实很不好意思，到目前为止，我还没尝过这种闻名遐迩的汤。各位或许会感到疑惑：你以前不是在纽约住过一段时间吗？虽然我当时在

沃霍尔的画作《十九美分大型金宝汤罐头》（1962），同样也试着以实物再现。如果只是偶尔还好，但是如果连续二十年每天过着喝罐头汤的生活，我想那也不好受吧。不过，究竟真实的状况如何呢？

唐人街买过烤鸭，从韩国街带回过整罐泡菜，但是却从来没想过要买代表美国的罐头。因此，我想让包括编辑部在内的十位朋友，和我一起尝尝罐头汤的滋味，自由发表感想。

罐头汤的烹调方法非常简单。只要以两倍的水稀释并加热就好，所以先将罐头里的东西倒入锅中，添加倒进空罐的水后加热，这样空罐可以顺便清洗干净，也很方便。

不过光是浓汤就有十种，如果全部都要尝一遍，就某种意义而言等于是苦行。在李小龙的电影《猛龙过江》中也有类似的场面，他因此严重腹泻，在首次对决时让对手逃走了。

整理试吃的感想，无论是番茄浓汤、原味浓汤，还是加入米饭的浓汤，整体的口感都是甜而柔软的。原味稍微带有一点儿人工的味道，感觉跟新鲜番茄的酸味差别很大。苏格兰汤里加入了红萝卜、大麦、土豆等许多料，汤更为浓稠。虽然很有分量，不过有点儿太咸了。意大利蔬菜浓汤同样也有很多料。洋葱汤带有一丝焦味，感觉并没有呈现出洋葱的甜味。蛤蜊巧达汤如实表现出了应有的风味，土豆没有煮到化掉，这点很厉害。至于鸡汤面，对于日夜以杯面等速食磨炼味觉的日本人来说，难以理解面条为什么会这么软。在境内有数十个民族的美国，如果要考虑什么样的风味更容易让人接受，大概呈现出来的就是这样的感觉吧。

在陆续打开罐头的过程中，试吃者也感到腻了，开始觉得味道都差不多。整体来说这些汤都偏咸，不论怎么品尝都尝不出味道的层次感。有人说，如果在昭和二十年代（1945—1954）手边有这些汤，大家应该会心存感激吧。没错，由于冷冻食品普及，我们离过去将罐头视为高级品的年代已经很久远了。不过，曾经体验过美国生活的美术设计师日下先生说："好怀念啊，以前觉得很好吃。"对我们倾诉着他内心的感受。的确，食物的滋味也属于记忆。

沃霍尔有次曾说过，想跟大家一样地思考、做类似的事情，吃同样的东西，然后迅速地画下来就好。只要跟别人一样就好。金宝汤这种极其简单的风味，正符合沃霍尔理想中的匿名性。每个罐头的内容物最后都让人觉得相同，无论在哪儿、无论何时，谁吃味道都不变。在 19 世纪末，实现这个想法的金宝汤公司，难道不正预言了半世纪后波普艺术的问世吗？我们从中可以明确感受到，试图消除世间差异的美式作风。沃霍尔在选择这种罐头汤当食材时清楚看出，自己的哲学已经以最理想的形式实现，并蕴藏其中。

1905 年 7 月 26 日宫中午餐会的菜单。在菊花的纹章之下，以日文跟法文记载着餐品内容。

明治天皇的午餐宴

1905 年 7 月 26 日，明治天皇在宫中的丰明殿接待五十四位美国人，举行午餐宴。宴会来宾以美国的陆军长官威廉·塔夫脱（William Howard Taft）为首，还有三十一名联邦议员、罗斯福总统的女儿及其友人。代表日方出席的除了诸位皇族成员，还有伊藤博文、松方正义、井上馨、寺内正毅等元勋及将校，这场盛宴共有九十七人出席。这是联合舰队在日本海歼灭波罗的海舰队两个月后的事情，美国想撮合日本与俄国谈和，正在东京积极进行调停。或许是午餐会的确发挥了作用，十五天之后，在新罕布什尔州[1] 的朴次茅斯（Portsmouth, New Hampshire）召开了和谈会议。

明治天皇似乎希望在宫中恢复餐会，除了在眼前举办一次非比寻常的盛宴外，他很想知道，在“脱亚入欧”的

1 美国新罕布什尔州是结束日俄战争的《朴次茅斯和约》（*Treaty of Portsmouth*）的签署地。

口号下，日本在急速现代化的过程中，天皇身为象征的中心，究竟要如何接待欧美的贵宾。与其说这是一场为享用美食而置办的宴席，不如说是一个彻底展现礼仪的场合。在19世纪的欧洲，法语是外交共通语。不用说，日本也沿袭了这个特色。无论如何，“脱亚入欧”是当时的趋势。不过，究竟在百年前的日本，“西化”能体现到什么程度呢？对当时的情况进行考察，对于了解日本引进西式料理的历程相当重要，也借由明治天皇的身体得以体现，如果要思考所谓的日本近代天皇制度，我想这是一件相当值得玩味的事情。

要将实际的天皇的午餐宴复原很不容易。《天皇家的飨宴》[秋偲会（秋山德藏偲ぶ会）编著:《天皇家の飨宴》，德荣出版，1978年]记载着当时的菜单，要以19世纪法国料理的脉络来解读，必须借助对历史方面具有想象力的主厨的精湛技艺。以下列出相关记录。

午餐会依照顺序，首先从法式清汤开始。这道菜用到的食材包括牛肉及多种蔬菜，这次我们效法传统的做法，制作浓郁的法式清汤。菜单中出现了西班牙赫雷斯的酒，也就是雪莉酒，应该是餐前酒吧。法式清汤从法国餐厅撤销已久。根据某位认识的主厨说，汤这种东西如果要认真做的话，食材的成本很高，但是现在的客人对汤毫不在意，就算准备了也不会被注意。听他这么一说，我回想起小时候，母亲也曾唠唠叨叨地教我汤的喝法，但是已经有很长一段时间我没喝过真正的清汤了。

开胃菜是王妃风龙虾。所谓的“王妃风”是指菜品伴随着非常豪华的装饰，似乎运用了芦笋与松露。我们再现的这道开胃菜，要将龙虾煮过之后淋上白酱，再在最上面用松露装饰纹章的图案。芦笋只采用前端，绑成一束插在香菇的蕈伞上，如此重复排列在多处。盘子周遭围绕的是小黄瓜，一旁还有松露点缀着。螯虾的亲戚——龙虾似乎到二战后才在日本普及。究竟在 20 世纪初期，他们是如何取得大量龙虾的呢？我曾听到过动员军队捕获龙虾的传闻，但是不清楚详情。

最有意思的是，查特香甜酒（Chartreuse）搭配着开胃菜一起供应。滴金庄园（Chateau d' Yquem）的酒以索泰尔讷（Sauternes）贵腐甜酒为代表，现在通常作为餐后的甜点酒。原本全套西餐最早似乎是在两次世界大战之间出现的，我读吉田健一的散文，看到他记述着过去的生蚝是非常甜腻的白色。我在巴黎的时候，看到的应该是传统风格的诺曼底餐厅菜单，在菜单上多道开胃菜并列的菜名，我只认得其中的索泰尔讷酒。在 20 世纪初，这应该是一般现象吧。我试了一下，这样的搭配并不坏。反正一开始就有索泰尔讷酒，手里拿着酒杯，感觉时间立刻就变得缓慢下来。

接下来是前菜，首先呈上的是查特风格[1]的鹌鹑。将鹌鹑肉与包心菜切细后炖煮，堆叠成塔一样的形状，再试着添上白萝卜与红萝卜卷。黑白相间的松露与花椰菜，仿佛卫兵一样守护着这道菜。这时，酒换成红酒，菜单里的标示很简单，可能就写着“金玫瑰庄园”吧。接下来呈上的是马德拉酒风味火腿。在一根巨大的火腿表面，雕着菱形图样。上等火腿的甘甜弥漫在口中，但还没结束。接着呈上的是丰腴小母鸡的里脊肉、小份的鹅肝酱。鸡肉的内部填着洋葱、松露、香菇做的菜泥，外层也涂上了菜泥，再裹上面包糠与蛋液油炸。经过这样的处理，鸡肉变得酥脆的同时也很多汁，即使准备大型的宴席很花时间，肉变冷了还是可以充分品尝到应有的风味。将鹅肝做成慕斯，一层层放上芹菜、芜菁，顶端放着松露。这时，第二支红酒热夫雷-尚贝坦登场。令人难以置信，前菜竟然可以丰盛到这种地步。为了消除先前食物的气味，罗马风潘趣酒（punch），也就是雪酪出现了。虽然可以安心休息一下，但是胃部已经达到了饱和状态。

我们现在所知的整套法国料理，是从开胃菜到前菜，最后以甜点作为结尾。以前，我学法文的时候曾感到疑惑，

---

1 查特（Chartreuse），法国境内阿尔卑斯山区的地名，当地修道院酿造的草药酒也被称为“Chartreuse”。查特风格则是将食材切碎，堆叠成塔状的装饰风格。

右边是开胃菜冷制伊势虾；左边是前菜蒸煮鹑。有趣的是，这里准备的餐前酒是滴金庄园的酒，而且是现在通常作为餐后酒的索泰尔讷贵腐甜酒。在美好年代，也就是第一次世界大战前的欧洲，这是最早供应的酒。

“前菜”(entrée) 可以理解为“入口”，那为什么接下来没有别的菜了？实际上曾经有过。烤肉（rôti）会在最后登场，这是 19 世纪法国从俄国沿袭套餐时的正式惯例。因此，在分量充足到难以置信的前菜之后，这道羊鞍肉烧烤，终于跟淋上慕斯林奶油酱（creme mousseline）的芦笋一起出现了。当时使用的芦笋，应该是位于现在新宿御苑内部的农业试验所栽培的吧。搭配在烤羊肉旁的是番茄干、松露（又出现了！）与土豆混合后烤制的配菜（反正一定吃不完）。但这次将历史上的全餐重现是难得的机会，以后恐怕不会再有这样的机会了。总之出于身为历史见证人的责任感，我得尝一尝。

终于轮到甜点了。奶油冻是在加入杏仁的海绵状原料里混合覆盆子冻，浇上柳橙汁后，再覆盖白色的奶油。“富士山”则是将抹茶冰激凌与香草冰激凌两层相叠，最后总要稍微试着宣扬国威吧。这是为了吸引来自国外的贵宾，在明治时期想出的甜点。搭配甜点的饮品，虽然在菜单上是注明为萃取物的饮料，但从叙述文字来看，正是类似espresso的浓缩咖啡。

将近三小时的宴会结束了。以当时日本的西式料理水平来看，已经充分使用了那时最奢华的食材，以相当丰盛的分量供应，上菜的盘数也很多，不得不令人感叹。在午餐时品尝过这些菜肴的明治天皇与元勋，以及从美国远道而来的贵宾，在当天午后究竟做了什么呢？我实在无法相信他们还吃得下晚餐。

据《天皇家的飨宴》载，明治天皇本人并非一开始就喜欢西式料理。他的父亲孝明天皇曾留下一段逸事，据说他在正月吃不到鲷鱼，只好以画中的鲷鱼解馋。其子睦仁殿下在年少时，必定也相当节制。睦仁在登基为天皇之后，日常生活中早餐与午餐都是两汤三菜，晚餐是两汤五菜，全都是和食。他最喜欢的是烤鲷鱼、香鱼和整条的煮茄子。好像只有在正式场合，明治天皇才会吃法国料理。他从年轻时酒量就很好，就算跟元勋们一起喝酒，也从来没醉过。据唐纳德·基恩《明治天皇》（新潮社）载，明治天皇的食欲旺盛，晚年时体重超过二十贯（七十五千克），变得肥胖而神经质。而且在前述的午餐会七年后，他就过世了，享年六十岁。

君王的身体超越了个人的层次，是攸关国家存亡的象征。因此从古至今，王者在公共场合都会大量摄入食物，借此承担与上天约定的使大地丰饶、国家繁荣的义务。就这层意义来看，我们可以得出结论：明治天皇具有旺盛的食欲，是位理想的皇帝。原本在宫中实践这样的法国料理，是等而下之不值一试的做法。在明治时期，可乐饼、咖喱、炸猪排这类以法国料理为灵感的“洋食”诞生，供平民享用，但是和食与西餐这两种料理的体系依旧毫无关系，分别进行着。只有名为“富士山”的冰激凌独树一帜，直到二战后仍可见于饭店的婚礼菜单。

我们重现了天皇宫中午餐宴的全套料理，这里试着排列出来。前排左起依次是富士山（冰激凌）、凝汁寄雁肝（小份的鹅肝酱）、煮鸡肉（肥鸡的里脊肉），水煮独活（芦笋蘸慕斯林奶油）。中排左起依次是蒸煮鹑（查特风格的鹌鹑）、冷制伊势虾（王妃风龙虾）、奶油冻、罗马风潘趣酒（用来涤净味觉）。后排左起依次是洋酒煮罗干（马德拉酒风味火腿）、牛肉羹（法式清汤）、蒸焙羊肉（羊鞍肉烧烤）。日本不是亚洲的野蛮国家，而是能跟欧美等国相提并论的文明国度，从这套豪华的正式法国料理可强烈感受到这样的外交诉求。究竟是什么样的人烹调出了这些料理呢？

君特·格拉斯的鳗鱼料理

在四月，波罗的海依然寒冷，有四个人在海滨行走。其中一人是三岁时就停止生长的男孩，另外三位是他的父母，以及他母亲的情人。淡季的海水浴场空无一人，阳光有些黯淡，无风的沙滩陷入一片寂静。他们最后走到堤坝，在那里看见码头工人以不可思议的方法捕捞鳗鱼。码头工人从海里拖上岸的渔网中放着马头，从马头的口、鼻、眼窝等各种孔洞中，探出多条鳗鱼的头。这些鳗鱼为了吃马肉跟马脑而窝在里面，这时却突然被捞起。码头工人的手很利落地从马嘴中伸进去，捉出两条有手腕粗的鳗鱼。马耳里还有更粗的鳗鱼跟着白色的脑浆一起流出。看到这一幕，母亲不自觉地呕吐起来，父亲却无动于衷地与码头工人交涉价格，买了四条鳗鱼回去。

君特·格拉斯（Günter Wilhelm Grass，1927—2015）

后来获颁诺贝尔文学奖，这是他发表于1959年，对德国文坛造成相当大冲击的首部长篇小说《铁皮鼓》（*Die Blechtrommel*）中相当著名的一段场景。

这部长篇小说在20世纪70年代由沃尔克·施隆多夫执导，拍摄为电影，也曾在日本上映。许多人应该都对银幕上无数鳗鱼从马头中钻出的特写画面印象深刻吧。故事的背景在一座港都，第二次世界大战期间属于德国，被称为“但泽”（Danzig），现在是波兰领土，叫作“格但斯克”（Gdańsk）。主角奥斯卡维持着三岁的身高，冷静地观察着大人们的社会随着纳粹主义抬头，持续产生变化。

在《铁皮鼓》中，虽然奥斯卡的父亲是德国人，母亲却有斯拉夫民族卡舒比人的血统，这几乎与格拉斯本人的家谱重叠。在这里将母亲的情人设定为波兰青年，让故事蒙上了微妙的阴影。母亲受这场鳗鱼事件的影响，后来开始精神异常。

格拉斯一家过去经营食品杂货店。不知道是不是这个原因，在他的诗与小说中，的确有许多料理跟食材登场。在《比目鱼》这部篇名令人联想到鱼肉料理的长篇小说中，有道看起来总觉得像来自故乡的家庭料理登场，在猪心上划下切口，夹入李子，炒过之后浸在黑啤酒中，加上肉豆蔻、胡椒、酸奶油；在诗集中还收录了题为“煮猪头凝冻的方法”的诗作。

不过对他而言，在本质上最具意义的当然还是鳗鱼。当我翻阅《君特·格拉斯的四十年》这本散文集时，发现书中不但附上鳗鱼食谱，还有格拉斯笔下的鳗鱼素描。画中的鳗鱼被人用左脚拇指翻弄，呈现出怪异的形状，象征着来自大地与水的力量。《铁皮鼓》里母亲看到鳗鱼而呕吐，正是出于无意识的心理变化。这次我就试着再现格拉斯的鳗鱼料理吧。我想具体呈现的是《铁皮鼓》里登场的鳗鱼土豆汤、鳗鱼佐鲜奶油，以及格拉斯家里经常烹调的炸鳗鱼这三道菜。

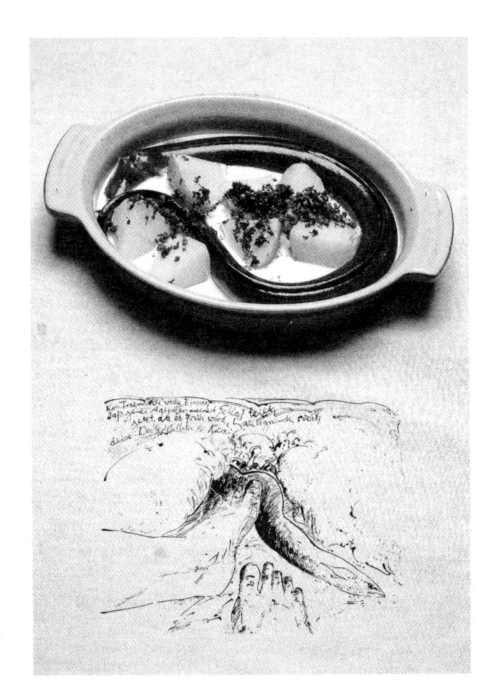

照片上方是《铁皮鼓》里，精神异常的母亲所吃的鳗鱼料理。新鲜土豆与绿色的鳗鱼浸在鲜奶油中。下方是收录在《君特·格拉斯的四十年》（Fritz Margull：《ギュンター·グラスの40年》，法政大学出版局，1996）里，格拉斯描绘的鳗鱼素描。

这应该是《铁皮鼓》里全家食用的鳗鱼土豆汤。添加了丁香、月桂叶、茴香，可见并非传统的波兰料理。

首先遇到的问题是，在日本要获取活鳗鱼远比欧洲困难。过去我在意大利留学，看到鱼铺在卖泛着黑色光泽像大蛇般的鳗鱼时，会立刻买回去油炸或当成意大利面的配料。但是在日本提到鳗鱼，一般都是指鳗屋的蒲烧鳗鱼。好不容易请人找到活的鳗鱼，我终于可以开始进行烹调。

据说鳗鱼是生命力旺盛的鱼。活鳗鱼被直接运送过来，放在砧板上的刹那它还在扭动。就算用菜刀把鱼头切下来，扭动还是不会停止，而且连头都在动。第一道鳗鱼土豆汤的做法：将鳗鱼洗净切段，放入沸腾的热水中。为了消除鱼腥味，加入丁香与月桂叶。在电影里，酱汁里好像还加了茴香，不过这次我们省略了。另外，在沸腾的水里加盐煮土豆。提到德国，一定少不了土豆。将煮好的鳗鱼跟土豆盛在汤碗里，再加入牛乳跟芥末，撒上香芹末，这就是小说里提到的做法。这次我们试着以鲜奶油代替牛乳。顺带一提，鳗鱼跟土豆都没有事先剥皮。

试吃之下，就知道这绝不是会让奥斯卡的母亲呕吐的怪异料理。牛乳与鳗鱼、土豆的组合在欧洲并不罕见。我想起以前在葡萄牙，曾见过一道料理，是用牛乳炖煮好多小只的鳗鱼跟土豆。这次鳗鱼料理中的香草充分发挥了作用，去除了鳗鱼的腥味，感觉上是道柔和的家庭料理。我仿佛看见用大盘子盛着这道料理，全家人围坐分食的情景。

接下来是第二道料理——鳗鱼佐鲜奶油。在小说中一度因为鳗鱼而呕吐的母亲，从此仿佛遭到附身一样，从早到晚除了油渍沙丁鱼、煮鳗鱼凝冻、熏制鱼外，不接受其他的食物，做出让周遭的人非常惊讶的料理。在小说中出现“佐着新鲜土豆的绿色鳗鱼，上面浮着鲜奶油”的段落，我试着加以再现。母亲后来把土豆跟鲜奶油都撇在一旁，只顾着“把鳗鱼挑出来，仿佛认真地非完成作业不可，专注地吃着”。对于食物的强迫观念，在这里被生动而怪异地描写出来。但遗憾的是，我必须先承认，自己无论如何都不想吃“绿色的鳗鱼”。

最后烹调的这道料理，在先前提到的《君特·格拉斯的四十年》中，作者亲自以轻松的语气介绍做法，是格拉斯家传的炸鳗鱼。将鳗鱼大致切块，放进热水汆烫。在这个阶段还用不到香草，只要先把醋加到水中。把鳗鱼捞起后要先去掉鱼骨，这有点儿麻烦，然后撒点儿胡椒盐，裹上面粉。用鼠尾草的叶子卷起鳗鱼肉后再油炸。这道菜真的很美味，可以说是充分发挥鼠尾草风味的一道菜。格拉斯在随笔中感叹：易北河受化学物质污染，现在已经看不到鳗鱼的踪迹了，只能买来自苏格兰的冷冻鳗鱼，并祈祷着移植到自家庭院的红花鼠尾草能够平安过冬。这道炸鳗鱼可当作前菜，适合搭配水煮荷包蛋蘸芥末酱，看来是道轻食。

在欧洲有很长一段时间，社会上普遍认为鳗鱼是劳动阶级喜爱的鱼类。譬如，在伦敦泰晤士河捕到的鳗鱼，会被做成肉冻或派，是港湾劳动者爱吃的食物。对于无法轻松负担一般肉食价格的这群人来说，用派皮包着鳗鱼片与牛肉清汤的料理，吃起来就像在吃一大块肉一样。我现在手边有一本玛丽亚·欧霍罗维奇-莫娜托娃

格拉斯家传的炸鳗鱼。将切成大块的鳗鱼放入热水中氽烫，再用鼠尾草叶卷起来油炸。文豪正是以这道下酒菜配德国啤酒，陆续写出的长篇巨作。

（Marja Ochorowicz-Monatowa）《波兰饮食》（*Polish Cookery*, 1958）的英译本。其中就有鳗鱼料理，鳗鱼蒸煮、填馅再用布包起来炖煮，或是配上水煮蛋、柠檬果冻等，书中收录了许多令人愉快的料理。顺带一提，波兰语的鳗鱼叫作“węgorz”。我以前在华沙的市场，看到比自己手腕还粗的黝黑的熏鳗鱼蜷曲着堆积在一起的情景，的确感到非常惊讶。

“食物的本质是记忆”，曾有人这样写过。格拉斯的情形，不正符合这种说法嘛。我所认识的波兰人看到这次复刻的鳗鱼汤，立刻指出波兰人一般没有使用茴香或丁香的习惯，所以这一定是德国人或卡舒比人的料理。会采用这类香料，无非是格但斯克过去以德语称为“但泽”时留下的记忆。当“第三帝国”败北，故乡不再是德国领土时，格拉斯被迫搬迁，对他而言，就是永远丧失了故乡吧。真的会有人开这样一家餐厅，菜单上都是已经从世界上消失的地方的料理吗?

如果格拉斯是西方的“鳗圣”，那么东方的“鳗圣”想必就是歌人斋藤茂吉吧。事实上斋藤跟德国也很有缘，后续会提到他是如何享用鳗鱼的。无论如何，暂且先将鳗鱼的话题告一段落。

谷崎润一郎的柿叶寿司

回顾谷崎润一郎的漫长人生（1886—1965），会发现其中毫无压抑的痕迹。

这位大文豪为了捧红小姨子成为日本最早的女演员，与其同居，并跟妻子断绝关系。关东大地震发生后，他立刻搬到关西，在京都享用着海鳗大餐，仿佛藐视着那些还在东京吃晒干的沙丁鱼片、手头拮据的私小说作家。他晚年住在汤河原，在妻子与一群名为秘书的女人围绕下，随心所欲地悠哉写作。由于奇特的癖好，以及对美食无穷的兴趣，他避免了被卷入时代的政治热潮和老人特有的忧郁情绪旋涡中。偶尔出席杂志社举办的座谈会，却几乎没什么发言，唯一感兴趣的是把送上的中华料理一扫而空。

谷崎始终抱持着停滞在童年时期的喜好，或许可以说是孩子气，在他的文学中随处可见。阅读他在三十几岁时发表的《美食俱乐部》（美食俱乐部，1919），有五位美食家聚集在东京某处，寻求极度豪奢的精致料理，在谷崎笔下呈现出一种异样的怪诞情景。端出的料理多半是“中式料理”，其实混合着不值得一提的幻想料理。当“火腿白菜”这道料理上菜时，在黑暗的房间中等待的客人们，被忽然出现的不可思议的女性按摩着面部，因为过于兴奋，脸上沾满了口水，忽然间女人的五根手指插入客人口中。在柔软的指间，舔着渗出带着油脂的润滑滋味，就像中华料理中的火腿。不知道什么时候，女人的手化为白菜茎。食人嗜好与异国情调在这一幕重叠。就某种意义来说，相当危险的欲望就在这里公然叙述出来。

从表面上来看，谷崎的文章进入中年之后回归日本的传统美学，像这类恶魔主义的妄想似乎已彻底消失。1933年，当他四十七岁时写的随笔《阴翳礼赞》，提到传统的日本家宅如何保留微暗的美感，与时下西方建筑的基调——华丽耀眼的明亮无缘，持续保持着静谧的美学。莳绘必须在幽暗处欣赏，才会呈现出华丽的金色纹样；微弱的光线透过厕所的纸门，使这里成为耽于幻想的场所。

谷崎提及日本食物与食器的质材也是同样的道理。羊羹色泽的深奥与复杂，置于西式的日光灯下完全无法察觉。感受“室内的黑暗宛若化作一颗甜美的方块融化于舌尖”最为重要。谈到漆器质地的美感“这些颜色都是由数层‘幽暗’所堆栈而成。这令人不禁思量，这些色彩，乃黑暗笼罩周围下必然的产物”[1]。日本料理的汤碗不使用陶器，无论如何必须是漆器。

极尽颓废之能事追求美食的谷崎润一郎，在《阴翳礼赞》中赞赏的柿叶寿司是吉野[2]山间僻地流传着的一道朴素的食物，柿叶寿司让他体会到了人生的清凉感。

漆碗的好处，首先，便在于由揭盖至入口之间，凝视着幽暗深邃的底部，目不转睛地看着与容器的颜色相差无几的液体，不发声响地往下沉淀的那一瞬间的感觉。虽说人们无法辨识黑黝黝的碗中有何乾坤，但手上可以感觉到汤汁缓缓地晃动，并且由于碗边沾附着的小水滴，得知汤汁的热气不断地往上蹿。而热气所带的香味，也让我们能在入口前先稍稍预知滋味。

这里写出了极其细致敏锐的感觉。谷崎无法接受日本料理的本质不在于吃，而是适合观赏的一般说法。他认为日本料理必须是“适合冥想”的极佳对象。

他提到柿叶寿司的段落，是在《阴翳礼赞》中这篇的结尾，本论告一段落的地方。谷崎首先提到，自明治维新

1 本篇各段引用文字皆出自谷崎润一郎：《阴翳礼赞》，李尚霖译，脸谱，2007 年。

2 吉野，位于奈良县南部一带。

柿叶寿司

以来，日本的变迁相当于之前三百年、五百年的变化，并感叹想在大阪、京都这类大都市发现纯粹日本风情的街道，已变得相当困难。食物的情形也一样，在大都市“寻找适合老人口味的东西，也煞费苦心”。这时他忽然唐突地介绍日本自古以来就有的一种稀有食物，详细地说明食谱，那就是在吉野山间僻地流传的柿叶寿司。

柿叶寿司绝不是复杂的食物。做法很简单，先煮饭，在饭锅冒蒸气时注入酒，饭煮好之后先用余热焖一会儿，然后放置到完全冷却。虽然名为寿司，但是并不需要用到所谓的寿司饭。接着，手沾盐巴，将饭捏成形，这时手上绝不可以有水。将切成薄片的腌鲑鱼放在饭上，然后再用柿叶包起来。注意叶表要朝内侧，同样也不能沾到水。将包好的柿叶寿司放在寿司桶或饭桶中，毫无空隙地排满，再盖上盖子，其上压着酱菜石。要吃的时候轻轻地洒点蓼醋即可。虽然通常会在翌日食用，但是应该可以保存两三天吧。

谷崎出生于东京的日本桥，并不是小时候就接触的这种柿叶寿司。他说是有位朋友曾去吉野旅游，回来教他的这种做法，一试之下发现实在太美味了，因此作为文章的题外话。从《吉野葛》这部小说也可以得知，古都奈良南方绵延的山岳地带，是谷崎觉得最亲近的地方。或许他梦想着这里还残留着中世的气息吧。

只要有柿子树和腌鲑鱼，随处可做。重点在于记住水汽必须完全去除，以及让饭完全冷却便可以了。我在家试做，果然美味可口。鲑鱼的脂肪与盐分恰到好处地渗入饭后，鲑鱼肉反而如同生鱼片般柔嫩，那种感觉，难以用语言形容。东京的握寿司虽也有独到的滋味，但对我而言，这种寿司更合口味。今年夏天，我便只以此为食。这种腌鲑鱼的吃法实在出乎人意想之外。山村人家物资贫乏，这种发明，令人折服！之后，我试着打听类似的各种乡土料理，发现在现代，乡下人的味觉远比都市人来得灵敏许多，就某个角度而言，他们的得天独厚是我们所难以想象的。

煮好的饭用植物的叶子包裹保存，是亚洲常见的做法。泰国的山岳地带将猪肉与糯米用香蕉叶包裹后蒸熟，到了中国就以箬叶或芦苇叶包裹糯米等食材，做出来的就是粽子。萨摩（今鹿儿岛县西部）的灰汁卷是以竹壳包着糯米，使用草木灰汁炊煮的料理。自古以来，人们就知道某些植物的叶子具有防腐的作用，可长时间保存食物的风味。

吉野的柿叶寿司与上述糯米料理不同，在于叶子包裹的是煮好的普通白米。此地远离海边，要从和歌山溯吉野川[1]

1 吉野川，即纪之川的上游，跟位于四国岛的吉野川不同。

运送鲑鱼过来。这道料理使用冷却的饭，是因为不便使用刚煮好的饭，于是发展出这样的做法。与这种食物最相近的，是越过熊野的山，在流向太平洋的熊野川一带流传的芥菜寿司（目张寿司[1]）。特点是用盐渍的芥菜包裹煮好的饭。我第一次知道这种食物，是中上健次生前邀我去新宫，当地有人递给我吃过。对方告诉我：一边睁大眼睛看着包着深绿色芥菜的巨大饭团，一边送入口中是正确的吃法，这就是名称的由来。不知道事实真相如何。我现在想起来的，是中上一辈子都对谷崎抱持着深深的敬意。

不管是柿叶寿司还是芥菜寿司，都不是用加了醋的寿司饭制作的料理。但是在日本食物史中应该有相当的来历，这从即使是现在洗练的江户前寿司，也一定会裁切一叶兰做装饰就能推测出来。一叶兰在中世是象征为了给煮好的饭做防腐处理，用箬叶或竹皮卷起的形式。柿叶寿司包覆用的柿叶，正扮演着原本的角色。这次为了摄影，难得从我家的柿子树上摘叶子，试着制作寿司。鲑鱼片的粉红色接近透明，与夏季柿叶的绿互相映衬，令人觉得这真是道美丽的料理。我想起以前在博洛尼亚读书时，曾做过相同的料理，带去参加认识的意大利友人举行的派对。说来或许令人难以相信，意大利这个国家种植着很多柿子树。

1 目张寿司（めばり鮨），又译为睁眼寿司。

谷崎喜爱柿叶寿司单纯而朴素的风味，并加以描写。在厚重的带有黏液的食物世界中，难得柿叶寿司充满清爽的感觉，可以说是种例外。在还没有冷气设备的酷暑中，四十七岁的小说家尝着这种寿司度日时，一定遥想着中世的情景吧。

不过一直到最后，这位文豪仍不知何谓文思枯竭。在他六十九岁时发表的《过酸化满庵水之梦》中，毫无顾忌地写着：看到从自己身躯排放的排泄物，觉得跟前几天在电影院刚看的法国女星西蒙娜·西尼奥雷（Simone Signoret）的外表很像。波德莱尔有句名言：天才处于能够恣意而为的幼年期。而谷崎确实符合这段描述，他终其一生，将退化到儿童期的欲望，毫不压抑地释放出来。

乔治亚 · 欧姬芙的菜园料理

如果说乔治亚·欧姬芙（Georgia Totto O’Keeffe，1887—1986）是20世纪最具代表性的女画家之一，我想应该没有人会否认吧。每个人都知道她所绘画的庞大黑色十字架，仿佛燃烧般的黄昏景象，貌似女性生殖器官、栩栩如生的巨大植物花卉。在欧姬芙笔下描绘的世界，一切都融化了，受死与爱欲两种互相对立的力量牵引，微妙地孕育出强烈的色彩。

其实我最近才通过一本食谱集《画家的厨房：来自欧姬芙厨房的食谱》（*A Painter’s Kitchen: Recipes from the Kitchen of Georgia O’Keeffe*，新墨西哥新闻博物馆出版，2009），认识这位活到九十九岁高龄的女性。据说在她度过后半生的新墨西哥荒凉的高原，有一位名叫玛格丽特·伍德（Margaret Wood）的女子实际见证了欧姬芙的晚年生活，并以听写的方式完成这本食谱集。阅读这份食谱，立刻就会感觉到，其中所收录的料理都跟欧姬芙的绘画相似，绝无装模作样的矫饰，可以说是直面食材后所诞生的料理。

欧姬芙生前喜爱并制作过的料理，大致上都是质朴而单纯的。看不出追求时下的流行、为取悦远道而来的访客去注重装饰的姿态。她的食材几乎都来自自己的菜园，对于难以取得的食材不会特地去寻找。不过她的料理步骤每一步都很细心，仿佛出于爱护自然的心理，避免伤害到食材。

譬如沙拉。菜园有夏季栽培的莴苣，但是摘取时必须小心。蔬菜在洗过之后如果没有先仔细把水分沥掉，沙拉酱就难以粘在蔬菜上。香草植物也是，摘取时不可以粗鲁地对待枝叶。欧姬芙为了调配蘸酱时随手就能取得新鲜的香草，在菜园角落里栽培了一些，有龙蒿、莳萝、独活草等。她很喜欢紫罗勒、香芹这类香草，在所有菜肴里似乎都想添加。

首先摘取上述几种香草，清洗、沥去水分之后再切碎。她并没有交代缺了什么就不行，只要运用自己手边能找到的香草就够了。唯一注意的就是不要同时放虾夷葱，虾夷葱要另外备料。将等量的橄榄油与红花籽油混合，加入少许柠檬汁与芥末籽。接下来压碎一瓣大蒜，把全部材料搅拌均匀。如果试过味道之后，觉得有点儿太酸了，可以添加少量的砂糖。将依照上述步骤制成的酱汁，静置大约一小时。因为要让香草与大蒜的味道充分混合，需要等待一些时间。

用豆瓣菜围绕着番茄冻。欧姬芙在菜园里栽培着各式各样的可做药用的蔬菜，豆瓣菜就是其中一种，这里的豆瓣菜是从附近水边摘取的。全部的食材都很单纯，她的料理仿佛是在向大地精灵致敬。

而且，这些酱汁是要淋在沙拉上的，所以从一开始就会用大蒜擦拭木钵的内侧，让香味散发出来。美国有种类众多的莴苣，譬如比伯莴苣、奶油莴苣、红叶莴苣、绿叶莴苣等。只要适当地选择几种，用手撕成片状，再淋上酱汁，就能漂亮地完成欧姬芙所谓的“古典夏季沙拉”。对了，还有虾夷葱，最后要将切好的葱末撒在沙拉上。

这次尝试的是用番茄果肉做的肉冻（aspic），也就是冻状的菜肴。首先将番茄的果肉与吉利丁放入小锅内加热，用罐头番茄也可以。当胶质溶解时，淋上伍斯特酱，然后倒入模具放进冰箱冷藏。注意在吃之前不要破坏番茄冻的形状，将模具上下颠倒，慢慢地在模具上淋热水，帮助脱模。这时，如果搭配前面提到的莴苣沙拉，番茄的红与蔬菜的绿一定会成为美丽而鲜明的对比。另外还有一种做法，是搭配豆瓣菜（watercress），这次我们尝试搭配豆瓣菜的番茄冻。不论哪一种做法，最后都只用放一点点虾夷葱（chives）在番茄冻上。依个人喜好，加点现磨的新鲜辣根（horseradish）也可以。

根据这位了解欧姬芙晚年的女性叙述，在欧姬芙散步时经常路过一处会冒出泉水的地方，那附近生长着许多豆瓣菜。据说，光是顺道摘一些带回去，分量就足够吃了。听到这段插曲，让我想起以前拜访诗人矢川澄子小姐的住处——位于黑姬山[1]的山庄。大约是在五月中旬，矢川小姐带我们去附近的养鱼场，就在一行人带着多条活蹦乱跳的鳟鱼踏上归途时，发现在溪流边有大片的野生豆瓣菜。她自然而然地说："啊，这种植物很会长呢。"那天晚上，我们吃的当然是鳟鱼料理，我回想起在制作油炸食物时，矢川小姐迅速地将豆瓣菜过了一遍油，然后盛在盘子里。矢川小姐跟欧姬芙一样，独自居住在人迹罕至的地方超过二十年，是在孤独中持续创作的人。

1 黑姬山，位于长野县信浓町的火山，又名"信浓富士"。

接下来试着做汤。欧姬芙曾说过“汤是一种慰藉”，在她的食谱集里确实也留下了各种各样的汤品。包括将生黄豆磨碎，跟洋葱、薄荷混合，再加入鸡汤调配而成的汤。将黄瓜去籽，跟洋葱、牛乳一起放进料理机搅拌，冷却后撒上香芹的汤。或是将煮过的甜菜，与柠檬汁、洋葱一起放入果汁机搅拌，冷却后添加酸奶酪的汤。在年逾九十岁的欧姬芙的日常生活中，这些汤应该是不可或缺的食物吧。

这次制作的鳄梨汤，首先从削下鳄梨深绿色的果皮，取出果核开始。将成熟的果肉与牛乳混合，撒上少许咖喱粉，用果汁机搅拌。将这些食材用文火加热，但是不要煮沸，这样就完成了。如果最后还想撒少量的咖喱粉，或是切细的虾夷葱等都可以。依个人喜好，加白胡椒粉也无妨。

“汤是一种慰藉”，欧姬芙这么说。在鳄梨汤里加入咖喱粉，令人想起遥远的节庆。

品尝冷却后的汤，其实口感相当好，予人充满慈爱的印象。虽然这道菜只有少量的咖喱风味，却像是听到了从离家较远的荒地村落传来的鼓声与祭典的欢呼声。我不知道“遥远”是否适用于形容料理的滋味，但是喝这道汤，脑海里会浮现在渺无人烟的荒地，活在记忆与余音中的老妇人的身影。

说到鳄梨，总让人联想到墨西哥。欧姬芙会想到做这道汤，也因为她所居住的新墨西哥地区属于传统的墨西哥印第安文化圈，当地人喜欢吃奶油质地的果肉。最后，我想尝尝看的是用玉米烹调的料理，这种食材到现在仍是印第安人的日常食物之一。

波佐粒（pozole，墨西哥炖汤）在新墨西哥的传统做法，是将玉米浸泡在柠檬水里，使其软化。现在很容易取得已经干燥冷冻后的波佐粒成品。在欧姬芙居住的阿比丘一带，原住民在圣诞夜一定会吃波佐粒的习惯保留至今，他们语带怀念地说着关于节日的记忆。在圣诞夜当晚，家家户户会以类似灯笼的照明装饰物，在广场上点燃大型篝火，相当热闹。孩子们会试着跳跃篝火，结果裤子上沾满了炭灰。据说在这样的祭典上，会供应波佐粒和其他以玉米制成的食物，譬如塔马利（tamale，混合绞肉与玉米粉，以玉米叶包裹后蒸熟的食物）。

提到波佐粒，每个村子似乎都有不同的做法，但是不论哪一种，总会用到猪的膝关节或猪脚，当然加上猪肋肉也可以。先加热在锅子里的猪肉，通常会利用猪肉本身的油脂进行烹调，不过烹调油脂少的猪肉时最好另外加些油。等猪肉整个变成褐色，就混合切得细碎的洋葱，用橄榄油翻炒。这时要加上玉米与水，但是究竟要加多少水呢？水平面距离玉米大约一截指尖高度的水量刚刚好。当然如果用鸡汤代替水味道会更醇厚，或许效果更好。接下来持续煮三四个小时，波佐粒就会变得相当柔软。最后以香草风味的盐调味，这道料理就完成了。

到目前为止，从韩国猪脚到德国猪脚，我吃过世界上各式各样的猪肉料理，这一道可以说是其中的极品。猪脚中的胶质带来滑润的口感，加上玉米微妙的嚼劲，这道料理很朴素，可以体会尝过的人有什么感受。煮好后的汤汁量不多，融合了洋葱的甜味与猪肉的油脂。依照食谱的附记，如果淋上一些红辣椒制成的酱汁，会更显美味。先将干燥的红辣椒籽取出，将辣椒切碎后注入热水，暂时静置一下，混合大蒜与香草盐即可。

尝试欧姬芙留下的食谱，可知其中明显呈现着她的世界观。她独自居住在裸露着红、白色岩石表面的荒地间，借由耕种菜园，她持续对大地精灵表达敬意。她不仅用双手画出在干燥的沙地上晒干的母牛头盖骨，还用同一双手拿着刀叉切割猪脚。在她的料理中，透露出强烈的与进食行为相关的爱与死这两项要素。就像所有伟大的画家都会留下超越个人的原型一样，她可以说不只通过画布，也通过餐桌留下了某种原型吧。

波佐粒与加了姜的糙米饭。当地原住民习惯在圣诞夜吃这道以玉米烹调的料理。猪脚的胶质融入洋葱的甘甜，可以说是猪肉料理中的绝品。

涩泽龙彦的翻转日之丸吐司

因为他很享受美食，所以我们两人经常一起出门。到了祇园祭的时节，我们去京都吃海鳗，夏天或许在高桥（江东区）的伊世喜吃泥鳅。冬天在赤坂的鸭川吃河豚。甚至因为喜欢吃螃蟹，还跑到金泽、越前、鸟取呢。虽然好像有很多人以为他是法国文学研究者，应该会喜欢法国料理，其实他对那没什么兴趣呢。涩泽偏好更单纯的料理，譬如炸猪排、中华风勾芡的炸石首鱼[1]。以前在银座有家叫胡椒亭的餐厅，不过现在已经改别的名字了。石川淳先生曾带我们去，后来我们非常喜欢，经常点那家店特制的前菜、奶油可乐饼等料理呢。

龙子女士陆续诉说关于食物的回忆。我前往位于北镰仓的涩泽家，在他们家客厅的白色墙壁上，挂着马克斯·

1 石首鱼，即红烧黄鱼。

斯万贝里[1]、汉斯·贝尔默[2]、金子国义等人的画作。四谷西蒙笔下描绘的天使像，从接近天花板的高处俯瞰着整个客厅。后方的书房光线有些昏暗。书架上庞大的藏书，仿佛散发出文学家将生命投入写作的独特气场。涩泽龙彦（1928—1987）过世距离这本书的写作有十八年的光阴，但他的书桌还跟生前一样。时间在这里完全停止，只有通过夏季绿意盎然的庭园，水潺潺流动的声音，才令人意识到是置身于现实世界。

涩泽龙彦虽然是食欲旺盛的人，但他是生于昭和初期的男性，所以不会亲自下厨。唯一可算得上是料理的，只有煮快餐拉面，顶多还有炒青椒。后者是龙子夫人怕自己外出时他没东西吃，看不下去所以传授给他的，算是快餐拉面附带的小菜。春天来临时，当他在附近的山野散步看到竹笋时，会一直要求夫人煮竹笋饭。

一到这个季节，每三天就要煮一次竹笋饭。刚做好晚餐吃了热腾腾的食物，等我睡着以后，他半夜起来，在工作的短暂休息时间，能吃些放凉的东西当作消夜，

1 马克斯·斯万贝里（Max Walter Svanberg，1912—1994），瑞典超现实主义画家，插画家，平面设计师。涩泽龙彦曾在多本著作中介绍过他。

2 汉斯·贝尔默（Hans Bellmer，1902—1975），德国画家，摄影师。1965年，涩泽龙彦曾在《新妇人》杂志撰文介绍他制作的球型关节人偶。

他好像很高兴呢。因为我特别喜欢松茸，一到秋天就专门煮松茸饭。不过自从过了五十岁之后，就开始有些改变呢。他说“我的时间不多，要专注于写作”，一个月有一半的时间，不论对方有什么事他都谢绝会客。最后说想去秋田吃叉牙鱼[1]，也没有成行。

作为文学家，涩泽龙彦今日在各地备受推崇。不同于许多作家“死后会遭受遗忘”，依然有年轻世代持续阅读他的作品，最近连日本高中的教科书都收入他的作品。他是日本思想界第一位导入情色主义的人物，不仅是位独特的幻想小说家，而且是三岛由纪夫无可替代的知音，他的名字渐渐地接近古典的领域。这位对博物学具有深刻感情的人物，在美食领域也留下了《华丽的食物志》一书，从古罗马的美食家阿比修斯到《随园食单》的作者袁枚，他向古今东西的美食家及其背后辉煌的文明，献上美丽的赞词。不过这次我想呈现的，并不属于涩泽龙彦庞大浩瀚的世界，而是他有时“以穿着浴衣的姿势”，写下的关于童年时代食物的记忆（借用这种巧妙的表现方式）。

涩泽龙彦生长在战前的东京，是银行家的子弟。他在

1 叉牙鱼（ハタハタ，Sailfin sandfish），主要栖息日本西岸近海海域，入冬前会洄游到秋田县河川，因此成为秋田县季节料理，多以盐烤、鱼干、鱼露、熟寿司、味噌汤等方式呈现。

读小学前，一直以面包当午餐，每到用午餐时，餐桌上都摆着奶油、果酱与炼乳罐。炼乳罐上画着身穿围裙的少女单手提着笼子的图样，不过在笼子里还有同样的炼乳罐，上面同样画着少女的图案。当时还很年幼的涩泽在凝视这个图案时，感觉“好像会被深渊吸入”，据说这是他第一次体会到无限的观念。

其实午餐对他而言，还有另一种秘密的乐趣。那就是运用白色的炼乳与红色的果酱，在吐司表面涂画日本国旗的图案。他拜托母亲，一定要把这片日之丸吐司留下来展示给妹妹们看，后来在家中引起一阵骚动。如果只是这样，以战前小孩的标准，或许还算不上什么不可思议的事情。在那个时代，每个小孩都会轻易地随口说出：我长大以后想当军人，要升到一级上将出人头地。不过，长大后因为萨德侯爵译本官司在法庭上抗辩的涩泽龙彦可不同。他看到妹妹们争相把日之丸吐司拿在手上，接下来又拜托母亲制作翻转日之丸吐司。

所谓“翻转日之丸”，是我发明的概念，简言之就是跟“白底红日”相反，变成“红底白日”，颠倒过来的日之丸。也就是在涂满果酱的吐司上点缀炼乳的白日。我想到新方法，于是满脸得意扬扬。（摘自《玩物草纸》）

当他进小学之后，在绘画课上，女教师要大家画日之丸国旗。他在画纸的一面画出普通的日之丸国旗，但或许是觉得这样画很无聊，他在另一面又画了翻转日之丸国旗。当然在教室里，会这样画的孩子只有一个。当他得意地向女教师展示这两幅画时，女教师皱起了眉头，表情变得很凝重，问他："这是中国的国旗吗？"这位喜欢博物学的聪敏男孩，在那个年纪已经知道中华民国的国旗是青天白日旗，因此他对女教师的无知感到惊讶。原先好不容易画好的有两面旗的画纸被老师没收，又发下新的图画纸，要他重新再画一次。于是他一边哭，一边只画了普通的日之丸国旗。

这段小小的往事，让我想起格拉斯小说《铁皮鼓》里的情节。奥斯卡试图将自己心爱的鼓塞入教会祭坛供奉的圣子像怀中，大人发现后把他骂了一顿。涩泽似乎也曾表态过"奥斯卡就是我"，这两位出生在第二次世界大战"轴心国"的少年，对抗社会强加的压抑的现实原则、为追求快乐而活的态度，非常巧合地一致。涩泽曾这样写道：

拜无数冲突与挫折之赐，我一直有个根深蒂固的愿望，就是至少在自己内心深处，秘密地坚守着"翻转日之丸"。直到现在，似乎仍然不变。

在白饭上只盛放梅干的便当叫作“日之丸便当”，广泛流行起来是 1939 年的事情。这一年，日本的米被列入配给制，提出“蛋要留给病人与伤兵”的口号。由于战时体制，物资的控管越来越严格，政府建议吃蝗虫佃煮，或蝗虫可乐饼，并鼓励大家吃野菜。翌年，颁布了各年龄层男女的“国民基准食”，规定每周有一天是“节米日”。1941 年 12 月，太平洋战争爆发，此后在每月 8 日民众都要带着日之丸便当向前线的军队表示感谢，甚至听说连儿童也必须照做。从那个时期之后，就算是米，通常也要掺杂各式各样的杂粮一起煮。刚升上中学的涩泽龙彦虽然觉得这么做很愚蠢，但应该也遵照了这个命令吧。

如果我们试着想象一下，在受到军国主义控制的日本社会，连小学教育都被法西斯主义思想彻底渗透。其实翻转日之丸吐司这个创意真的很棒，是让人拍案叫绝的创意。这与它不只是将日之丸国旗的颜色单纯地颠倒过来，运用的主要食材也并非印象中的属于日本立国基础的米饭，而是从西方传来的吐司有很大的关系。年幼的涩泽并不晓得“日之丸”是军国主义的记号。对于五岁的小孩来说，重要的是翻转日之丸吐司上有更多的果酱，所以更甜更好吃，这才是他在妹妹们面前感到得意的原因。

仔细想想，如果在涩泽龙彦一生中，有一贯的政治立场，那不就是“翻转日之丸”所象征的立场嘛。不按照日

如果日之丸便当在白米饭上放梅干，是通过日本的食材强化日本的军国主义教育思想，那么在吐司上涂红色的果酱与白色的炼乳，做成翻转日之丸吐司，可以说是完全相反的事了。童年时代的涩泽龙彦会毫不犹豫地选择后者，因为翻转日之丸吐司比较甜又好吃。

之丸国旗的样子涂抹吐司，与“日之丸”是不是国家的象征无关，纯粹只是因为这样吐司上的果酱分量比较少，与追求快乐的原则相反。涩泽可以说是从这个逻辑出发，孕育出这样的思想，国家与权力却成了扼杀其快乐的元凶。

在日本，如果家中有上幼儿园或小学的孩子，做母亲的对于准备便当这项任务总有些战战兢兢。准备午餐时，必须顾及孩子的自尊心，不让他在教室里其他人面前因便当而蒙羞。如果分析孩子们的便当，自然会浮现出日本社会无形中隐藏的柔性管理体制吧。其中涩泽龙彦的“翻转日之丸”可以说是再令人愉快不过的食物了。

为了这次的摄影，龙子女士笑着完成了翻转日之丸吐司，据说她是第一次做这道点心，我试吃了成品。如果要向各位报告品尝的感想，总之就是很甜很甜，我大致了解了快乐主义至上原来是这么回事，并记录在这里。

查尔斯·狄更斯的圣诞布丁

一开始这么说虽然很笼统，但是 19 世纪小说家对于饮食场景的细节描写，实在令人折服。福楼拜也好、巴尔扎克也好，甚至是稍微带点内脏腥臭味的左拉，印象中他们笔下登场的人物每个都食量惊人，边吃边展开漫长的对话。这次作为主题的狄更斯也不例外。无论是《匹克威克外传》（*The Pickwick Papers*）还是《雾都孤儿》（*Oliver Twist*），里面的人物其实经常都处于吃东西的状态。进入 20 世纪之后，除一部分的作家外，其他作家的作品关于饮食的描写都减少了，对性的描写的比重增加了。福克纳也好，加西亚·马尔克斯或中上健次也好，在我记忆中不曾看过他们持续描写过用餐的场面。举世都是追求大众美食的社会，巴赫金的狂欢理论虽然在文学教师间流行，但是年轻一代的作家却不再对饮食进行细致的描写了，谁来为我们解释这个现象呢。

查尔斯·狄更斯（Charles Dickens, 1812—1870）

生在伦敦老旧地带的贫穷家庭。据说他童年时因为父亲缴不出税金，全家曾一起入狱。他先是当记者从事跑腿性质的工作，渐渐地以小说家的身份崭露头角。在狄更斯多部通俗小说当中，至今仍为人熟知的，当然是《圣诞颂歌》（*A Christmas Carol*）。我认为这部作品广为流传的原因，与其说是因为故事中幽灵温暖而人性化的劝诫，不如说是因为该作像霍夫曼的志异小说一样颇具怪诞色彩，让人着迷。不过我们先把文学评论搁置一旁吧，现在的重点是在《圣诞颂歌》中出现的，狄更斯从年幼时就很熟悉的食物——圣诞布丁（Christmas pudding），他在这部作品中融入相当多的同理心进行描述。

在《圣诞颂歌》中，曾长期体验过人世辛酸的老人斯克鲁奇变得厌恶人类，打算在孤独与吝啬中度过余生。在圣诞夜，他的眼前陆续出现了四个幽灵并带来幻影，使他又重新变得亲切而富有人性。当“现在之灵”出现在斯克鲁奇眼前，让他看到贫穷且小孩众多的家庭过圣诞节的情

艾德文·奥斯汀·艾比《圣诞颂歌》版画插图。
E. A. Abbey
Wood Engravings (1877)
Horizontal Plates.

景后，斯克鲁奇决心帮助这个贫困的家庭，圣诞布丁便是在这之后登场的。在幻境中，这一家人对塞着填料的烤鹅欢呼。当每个人都在专心享用这道料理时，只有母亲想起作为甜点的圣诞布丁还在蒸锅上蒸煮，便慌张起来。在蒸煮时会不会有人翻墙将其偷走呢？当圣诞布丁从锅里取出来时会不会裂开呢。出于种种担心，她难以放松。

哈喽！一大团蒸汽来了！布丁从铜锅里端出来了。带着一股像是洗衣日的气味！那是蒸布的气味。又带着一股像是并排开着一家饭馆和一家糕饼店再加上隔壁一家女工洗衣作坊的气味！那是布丁的气味。半分钟之内，克拉契太太进来了，脸色绯红，但是自豪地微笑着；她端着布丁，布丁好像一颗布满斑点的大炮弹，又硬又结实，在四分之一品脱（英制容积单位，一品脱约为五百六十八毫升）的一半的一半的燃烧着的白兰地酒之中放着光彩，顶上插着圣诞节的冬青作为装饰。

父亲说这个布丁是自结婚以来母亲所取得的最伟大的成功。母亲觉得心上的一块石头终于落了地。其中有个孩子说，今天的晚餐要感谢斯克鲁奇先生赠予，全家人举杯祝他长寿、圣诞快乐！斯克鲁奇在暗中看到这个情景，感觉到自己冻结的心渐渐融化。

将手边所有带甜味的材料与吃剩的面包混合，加入黄油，与蛋、黑啤酒混合。洒上朗姆酒，稍微静置一会儿。用餐巾包覆着调配好的食材静置五小时再去蒸，令人赞叹的圣诞布丁就完成了。

吃圣诞布丁的习惯不只限于英国，在英国最早的殖民地爱尔兰，似乎也是普遍的习俗。我读了《逝者》（*The Dead*）这部短篇小说，是生长在都柏林的乔伊斯（James Joyce）流亡到的里雅斯特（Trieste）时写的作品，书中描写了一场有众多亲朋好友参加的圣诞聚会，最后圣诞布丁被端出，制作的老夫人受到在场所有人的赞美。我注意到，她所做的布丁并没有完全呈深咖啡色。在晚餐的最后作为点缀的这道点心，总是主妇们挂念的事，因此才有叫作“布朗”的取巧制品出现。我提议制作深咖啡色的圣诞布丁，料理顾问当场就巧妙地完成了。

圣诞布丁中用到的食材会随着地方不同，甚至每个家庭的配方不同而各异，不过一般是葡萄干、杏仁与糖渍水果或糖渍果皮等，总之就是准备大量的放眼所及的耐储存的水果制品，跟面包糠一起混合。在贫穷人家，当然是利用吃剩下的面包。这时加入切碎的牛、羊腰部的板油（suet），将蛋与黑啤酒混合，形成黏稠的溶液，再稍微洒点朗姆酒，加上肉桂与肉豆蔻，应该就会散发出香味。将调好的材料筛粉后覆盖上餐巾，稍微静置一会儿。如果说究竟应该放多久，有些英国人会轻松地说：大概三十分钟就好，也有人觉得非得摆一整天才行。我们将材料用餐巾覆盖约五小时后再拿去蒸。《圣诞颂歌》里提到的“一股像是洗衣日的气味”，其实是出自对白色餐巾的联想。

为了让成品效果更好，英国有专门制作布丁用的蒸炉。中心细细地突出，并且打了洞，热气通过这些洞传导，这样的设计能让布丁的中心更快熟透。这次我们试着使用英式蒸炉，不过在狄更斯的时代，应该还没发明这种厨具。

接下来，将还在冒着热气的布丁完整地移到盘子上。最后再插上冬青树叶，淋上朗姆酒或白兰地后点火。瞬间会蹿出白里泛青的火焰，一会儿又消失了。在昏暗的室内这么一试，圣诞节的气氛就有了。在这种仪式性的环节之后，就要开始切布丁了，装盘时可以搭配一些奶油泡沫。在这个环节，每家应该都有自己的做法吧。顺带一提，在乔伊斯的短篇小说中，圣诞布丁配的是树莓与柳橙果冻，还有果酱。

在20世纪20年代末期，曾有一部露易丝·布鲁克斯（Louise Brooks）主演的默片《潘朵拉的盒子》（*Pandora's Box*, 1929）。或许有人知道，阿尔班·贝尔格曾将这个故事改编为歌剧《露露》。在电影最后，穷困潦倒的露露在伦敦巷弄卖春，用赚的钱养活养父。喝得烂醉的年迈养父说，因为是圣诞节，希望至少能有一个插着冬青树叶的圣诞布丁。可怜的露露在圣诞夜仍站在街角，之后被性变态杀害。同时，养父带着露露赚的钱去酒馆，点了个巨大的圣诞布丁，一个人非常满足地开始用汤匙舀布丁吃。

当圣诞布丁实际放在眼前时，就知道我很难效法他，因为这是一道甜得恐怖的食物。除了加入了许多果干外，

来吧，接下来在圣诞布丁顶部淋上白兰地，点火啰。这是圣诞夜最开心的瞬间。

查尔斯·狄更斯的曾孙塞德里克·狄更斯（Cedric Dickens）所写的《与狄更斯共饮》（*Dinner With Dickens*）中就收录了描绘当圣诞布丁被端出来时的情景插图。

阅读20世纪50年代英国出版的料理书，竟然收录了十六种布丁食谱。摘录自Vera Todd：*Trex Cookery*，J. Bibby & Sons，Ltd，Liverpool，1953。

圣诞布丁还加了充足的以甘蔗糖蜜为原料酿成的朗姆酒，并配上甜奶油。其黏稠的质地，应该是添加了动物油脂的关系吧。细细地品尝，能感受到布丁复杂的香味，一年一度费工制作的应景食物的确能使人感到满足。如果像露露的养父那样乱来，想一个人解决盛在大盘子上的圣诞布丁，根本不可能吧。无论如何，英国人在圣诞夜吃这道布丁前，已经美美地享用了烤火鸡、潘趣酒等，应该已经吃得很饱了。

在布丁上装饰冬青树叶，的确是因为圣诞节的缘故。在英国中世纪的宴会上，经常用冬青树或槲寄生之类的常绿植物装饰墙壁或天花板，依照习俗，在这些植物下方的人要一视同仁地互相亲吻。听说这是古罗马时期留下的农耕礼仪。英国纬度较高，在这个冬日过了下午四点天色就暗下来的国度，冬季仍然保持常绿的植物，具有象征让世界重生的重大意义。据说，圣诞布丁的制作方法可以帮助食材熟成，即使放到来年圣诞节也不会变质。可以推测这种属于节庆的甜点，背后也许隐藏着自古以来流传下来的时间循环意识。《圣诞颂歌》的故事从即将降临的死亡，转往人生的重新开始，我想这的确不是出于偶然。

《金瓶梅》里的蟹肉料理

在美食这个主题下，应该要有中式料理出现，但是我绞尽脑汁仍想不出适当的艺术家。20 世纪，文人的粗淡饮食回忆，固然是珍贵的历史见证，但却呈现不出什么画面。正在苦思的时候，我忽然想到重现《金瓶梅》里的料理这个好主意。

明代“四大奇书”之一的《金瓶梅》作于16世纪后半叶，由某位匿名的书生撰写，全书以西门庆和他的家庭生活为中心线索，展示西门庆政治上的升迁史、经济上以经商为主的发家史以及其私生活中任性纵欲的情爱史。“金瓶梅”这个书名由书中三个女主人公潘金莲、李瓶儿、庞春梅名字中各取一字合成。总之该书就是在持续描写书中人物如何贪婪地追求现世的快乐。但是从饮食的角度来看，这部作品生动地描写了明代人的饮食生活，是相当有趣的史料。小说中西门庆举办的宴席，场面豪华到令人难以置信，作者详细记叙了菜单，仿佛构成了纸上的盛宴。根据研究者估计，小说中有大约四百种食物登场，其中似乎也包含了作者想象出来的食物。这次我们决定试做其中两道料理。

首先是在《金瓶梅》第六十一回登场的“螃蟹鲜”这道菜。中国自古以来就流传着《蟹志》《蟹谱》这类书，有着嗜吃螃蟹的文化。“螃蟹鲜”这道料理虽然相当费工，但也非常有趣。

在重阳节这一天，西门庆没去官署，决定在自家庭院欣赏到处盛开的菊花，优雅地度过一日。当然，他会把妾们都叫来，举办酒宴。当一位女子正弹着琵琶唱着歌时，侍女上前报告：应伯爵来访。因此，西门庆离开身旁的女子们，独自来到凉亭，应伯爵与跟随来的常二哥在盛开的菊花丛中等他。应伯爵对西门庆道：“常二哥蒙哥厚情，成了房子，无可酬答，教他娘子制造了这‘螃蟹鲜’……”身旁的仆人带着大型的木桶，其中满满放着这道“螃蟹鲜”与炉烧鸭子。“螃蟹”在日本是个陌生的词汇，但跟日本人通常所说的“蟹”其实类似。

根据原文所述，制作这道料理首先要准备大只的螃蟹。先将蟹脚取下，清洗干净。接下来剔净蟹肉，用蟹肉将蟹壳塞满。上面再撒上花椒与切细的大蒜、生姜，接下来裹粉。将经过这样处理后的螃蟹油炸。要吃的时候，蘸点醋跟酱油调和的蘸料会更加美味。将蟹壳填满肉馅儿，其实是一种特殊的烹调方法。原文写着“酿着肉”，所以也有译本将其解释为用酒渍蟹肉。然而，这个“酿”（釀）有镶嵌义，是将肉馅儿填或塞入掏空的食材里，然后蒸或用油煎的一种烹调方法。

在明治大学教授比较文学的张竞先生，对于中国美食与美女的了解不限于文字，除了博学强识外，他还能够将想要表达的内容画出来让人看。我打电话向他请教，这一节内容究竟该如何解读？他说：“啊，那一段吗？”之后便很轻松地为我提供了解答。

根据张教授的解说，这里用到的椒料，并不是日本人用来佐鳗鱼的山椒。《金瓶梅》的故事以河北清河县的药商为主角，这里所出现的香辛料，应是当地的名产，一种香味强烈的花椒。接下来是裹粉，最理想的是将菱角干燥后磨成粉用于这道料理。当然现在日本找不到这样的东西，面粉应该是最适合代替的吧。不过他很清楚地交代，不可以用绿豆粉或市面上卖的土豆淀粉。因为炸蟹壳要花的时间比预期更长，这么一来裹粉很容易焦掉，整道菜恐怕会失败。以上是咨询张竞先生给出的解答。对于他在电话另一端能够立刻流利地说清楚这些细节，我感到无比佩服。

试吃实际完成的料理，感觉像是蒸蟹肉、山药泥跟焗烤料理的结合物。表面的蟹肉吃起来就像油炸般非常酥脆，口感很好，跟醋酱油清爽的风味很搭。中间的部分，也就是由坚硬的蟹壳所保护的肉，口感就像蒸过的一样，当筷子

《金瓶梅》中提到了许多食物。“螃蟹鲜”是在蟹壳中满满地填入蟹肉，撒上香辛料后油炸的料理。

夹到这部分的时候，蟹肉的香味就飘出来了，没有比这更美味的了。这应该是想吃蟹肉，却嫌剥蟹麻烦的有钱人所想出来的料理吧。在《金瓶梅》里，一次送来四十只经过如此烹调的螃蟹。在负责烹调的一方，除了帮佣的女厨，应该

还动员到了家仆，这些人应该整个上午都在忙着把蟹肉从蟹脚、蟹身里取出来吧。顺带附记一下，“蟹”[1]在粤语的粗话里，也有女性外生殖器的含义。

1 粤语粗口“閪”的谐音字。

接下来要尝试的是，在第九十四回登场的“鸡尖汤”。根据原文，“鸡尖”也就是小鸡鸡翅最柔软的部位，用锐利的菜刀切下，加上花椒与葱、香菜、酸笋，调入麻油与酱油，制作清汤。这里的酸笋是醋渍的笋。这里的清汤并不像是法国料理中过滤过的汤，而是汤料完整的不浓稠的汤。

我从以前就想，哪天要试着做次鸡尖汤看看。因为这道料理在漫长的小说结尾登场，象征着西门庆死后一家没落，女人们离散的凄凉景象，所以鸡尖汤在这一幕里担任着重要的角色。

在《金瓶梅》的三个女主人公当中，只有庞春梅一开始不是以西门庆妾的身份进入西门家的。她出生于贫苦人家，是作为西门庆正夫人的侍女陪嫁来的，在经历种种变故后，成为潘金莲的丫鬟。西门庆看上了庞春梅的美貌，让她成为自己的“收藏品” 她长得很美，却带有出身卑微者特有的强势与冷酷。

有一次，庞春梅知道一个名叫“雪娥”的女人因私通被逮，被当作奴婢贩卖，便立刻将她买下。事实上，在庞春梅还是正夫人的侍女时，就曾遭到雪娥的虐待，被她用菜刀柄殴打，现在正是复仇的好机会，于是庞春梅成为她的新主人。庞春梅利用这个机会怒骂、虐待这名新侍女。不过，这时产生了一个困扰，庞春梅将过去的男友以堂兄的名义邀到家里，想与他私通，但不巧的是庞春梅的企图被雪娥发现了。这次，庞春梅决定将这个碍事的女人逐出家门，于是上演了诡异的一幕。

庞春梅知道雪娥擅长做汤，于是捂着胸口装病。不论侍女端上药还是粥，她都全部推开，坚持一定要喝雪娥做的加了酸笋的鸡尖汤。雪娥立刻捉来两只小鸡，细心地炖了一锅鸡尖汤。但是庞春梅却对她怒吼道:“这样味道淡薄的汤能喝吗？”于是，雪娥撒了许多花椒（当地的惯例）再端出来，这次庞春梅抱怨:“这么辣的东西能喝吗?”把碗里的汤泼在地上。原本一直忍耐着的雪娥，终于气愤难耐，在厨房里偷偷说了庞春梅的坏话。侍女将雪娥说的话转告庞春梅，雪娥因此很可怜地被剥光衣服带到中庭，棒打三十下之后，被卖进了妓院。鸡尖汤的背后竟隐藏着这么复杂的故事。

雪娥做这道汤是先从捉小鸡开始的，现在的话，只要直接买嫩鸡翅烹调即可。这跟前面的蟹料理不同，是一道很容易做出来的汤。其中酸笋用的在横滨中华街买的瓶装笋。滋补的鸡汤中带着微微的酸味，加上葱与香菜独特的风味，相当好喝。切碎的鸡软骨口感也很好。这是我第一次喝到这种汤，究竟现在的中华料理店，有没有将这道汤正式列入菜单呢？我觉得应该会出乎意料地受欢迎。然而，庞春梅不好好品尝这样的美味，却把汤退回还折磨烹调的人，不得不令人惊叹她的罪孽之深。那么，后来她变得如何呢？由于美食的关系，她变得越来越肥胖，与俊美的男仆晨昏耽于淫行，最后在男仆的腹前断了气，享年二十九岁。于是，《金瓶梅》迎来第一百回，小说完结。

《金瓶梅》整部作品无限罗列着色欲与食欲。这次虽然只尝了两道，以后我还想找机会从“三汤五割”（三种汤跟五道菜）开始，试着重现西门庆的宴席。不过对于三个妾所引起的骚动，还是希望能尽量避免……

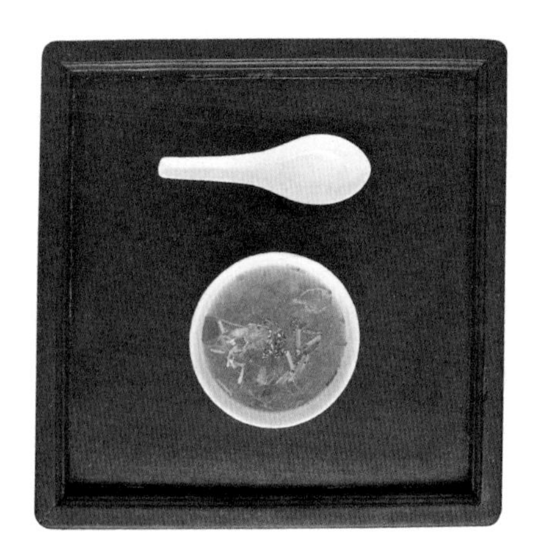

《金瓶梅》里引发女人们激烈冲突的鸡尖汤。采用的是小鸡翅的嫩肉，还加入了醋渍的笋。

玛丽 · 安托瓦妮特的甜点

过去我为了学语言，在意大利的佛罗伦萨待过一段时光。当课程在上午结束，接下来就没有什么事要做的时候。为了消磨时间，我曾就读过一阵子当地的料理学校。老师将白色的胡子剃得短短的，打着红色的领带，真是位时髦的老人。他在开课第一天这样宣布：

所谓的法国料理其实并不存在。顶多只能算是意大利料理，尤其是托斯卡纳料理的一部分。从历史来看，16 世纪凯瑟琳 · 美第奇嫁入法国王室时，从意大利这片土地上带走了许多厨师，于是打下了如今法国料理的基础。因此，根本没有真正意义上的法国料理，在现在的意大利，也根本不会有餐厅挂着法国菜的招牌。

我很佩服地想着，原来如此啊。的确，听说托斯卡纳大公的女儿凯瑟琳 · 美第奇跟法国的亨利王子（后来的国王亨利二世）结婚时，想到要让意式冰激凌传入巴黎，没过多久就带着一群班底来了。因为凯瑟琳·美第奇，威尼斯极盛时期的意大利文化与料理传到巴黎，并且在食材上重新下功夫，与当地的料理融合，才发展出所谓的法国宫廷料理吧。法国料理中没有运用到意大利面与辣椒的料理，或许是因为凯瑟琳·美第奇嫁到法国的年代，这些食材还没有流传到佛罗伦萨的宫廷，仍属于港都那不勒斯的料理食材吧。

跟这位凯瑟琳·美第奇的贡献相比，18 世纪嫁给后来的法国国王路易十六的奥地利哈布斯堡王朝公主玛丽 · 安托瓦妮特[1] 在文化上的贡献，就显得薄弱许多。在哈布斯堡王朝，宫廷料理已经确立，并没有从神圣罗马帝国学到什么。玛丽·安托瓦妮特的母亲玛丽亚·特蕾莎大公非常崇尚法国，将从圣彼得堡向西传的法国语言与文化，全部制订为皇家应该遵循的文化规范。可以想见，在充满质朴刚健风气的哈布斯堡王朝成长的玛丽·安托瓦妮特，对于洗练达到极致的巴黎宫廷文化，该有多么向往与惊讶。但是最令人讶异的，就是尽管她愚钝的丈夫只对把玩各种锁具感兴趣，而且玛丽·安托瓦妮特的身旁还围绕着一群狡

1 玛丽·安托瓦妮特（Marie Antoinette，1755—1793），奥地利女大公玛丽亚·特蕾莎的第十五个孩子，法国国王路易十六的王后，在法国大革命开始后，以叛国罪名被公开斩首处死。

玛丽·安托瓦妮特从小常吃的点心，介于蛋糕与面包之间，在早餐时端上餐桌，类似咕咕霍夫。

猾的贵妇人，但她还是成了法国社交界的明星，相当活跃，虽然时间不长，但也曾引领一段时期的流行风尚吧。在日本，据说来自地方的女性到了东京，会比东京本地的女子更耀眼，如果把这位身负悲剧命运的王后的经历也归为这种现象，只是规模放大了数百倍，说不定会比较容易理解。

与玛丽·安托瓦妮特相关的甜点有很多种。这在当时的贵族社会，并不算特例。因为无论是王后还是贵族的夫人或爱妾，都有以自己名字命名的蛋糕，在豪华晚餐会的最后拿来招待客人，当作社交地位的证明。列在菜单末尾的名字，是她们自豪的表现，惹人怜爱的象征，总之代表着她们本人。冠上王后名字的甜点，体现了王后的品位，更展现出法国这个国家的威望。

贵族宅邸的厨师绞尽脑汁，呈现出与女主人光彩相辉映的豪华点心，这些女主人也乐于在作品完成后相互比美。就像10世纪京都的高贵女性热衷于书写物语或日记一样，18世纪的波旁王朝与之相匹敌的，正是甜点。

拜这个奇特的风俗之赐，嘉惠了今日的甜点界。举个例子来说，像每个人都知道的草莓奶油蛋糕，在20世纪通过美国推广到全世界，如果追溯这种可爱蛋糕的原型，是路易十四的情人路易丝·德·拉瓦利耶尔（Louise de La Vallière）为了赢得宠爱，命令厨师制作的焗烤草莓塔。原本草莓隐藏在点心里面，只有尝过之后才会发现草莓的存在。后来经由德国传到美国，据说为了放在橱窗里引起注意，在蛋糕表面添加了水果，因而赢得大众的喜爱，才有现在的模样。

我们的话题再回到玛丽·安托瓦妮特吧！依照当时的习惯，玛丽·安托瓦妮特在罗浮宫举办的豪华晚餐会的最后会端出以自己名字命名的点心。譬如“Biscuit Glacé Antoinette”，如果直译的话，就是安托瓦妮特风格的附冰激凌的饼干。以现在的眼光来看，既然已经有意大利提拉米苏、美国冰激凌三明治了，那么这道点心就显得有点儿过时了，但是在二百二十年前这的确是令人惊讶的奢华点心。

制作这道甜点先要用蛋黄、砂糖、牛乳、鲜奶油和香草荚制作香草冰激凌。接下来将蛋、砂糖打发，与面粉、融化的奶油混合后放入烤箱，制作海绵蛋糕。在蛋糕充分冷却之后，全部切成一厘米厚，以海绵蛋糕、冰激凌、海绵蛋糕的顺序填满模具。接下来用筛过的覆盆子、砂糖、温水融化的吉利丁，以及柠檬汁做成覆盆子果冻，铺在模具里一起冰起来。最后一层以筛过的覆盆子、砂糖、融化的吉利丁与鲜奶油混合做成慕斯，同样铺在模具里再冰起来。将完成的点心从模具里取出，四边漂亮地对齐后，用裱花袋添加奶油进行装饰。

安托瓦妮特冰激凌饼干是一道适合冠上王后名字的华丽点心。

这次我们邀请到这方面的专家今田美奈子小姐，她以巴伐露（Bavarois）代替冰激凌，但这仍是一道耗费功夫的甜点。当时，凡尔赛宫的厨房没有冰箱，制作时间上的安排应该非常谨慎吧。在品尝这道甜点前，如果把点心转个方向，就会看到每层都有不同的色彩，有黄色、白色、浓胭脂色、粉红色，接着又是白色，像地层剖面般层次分明。现在说来或许有些煞风景，在品尝这道甜点时，点心各层微妙的风味在口中融化、混合在一起，让我感觉仿佛王后就在眼前。民众因为没有面包食不果腹，法国四处掀起暴动，尽管革命已近在眼前，但享用以当时的奢侈品——砂糖制作的点心，应该感到很愉快吧。

还有一道甜点玛丽·安托瓦妮特夏洛特蛋糕也是献给玛丽王后的，费工的程度毫不逊色于前一道甜点。首先，用蛋、砂糖、筛过的覆盆子、融化的吉利丁、鲜奶油，制作半球型的巴伐露。其次，将蛋、砂糖、面粉混合后，放入烤箱做成手指饼干，围绕在巴伐露周围。最后，在巴伐露顶端放上烤成心形的泡芙皮，并用草莓装饰。手续极为繁复，用到的食材跟先前提到的冰激凌饼干大致相同。以现在的眼光来看，这道甜点过于古老，而且说不定还有人觉得这样的点心有害健康，会敬而远之，但在当时这是极其奢华而时尚的甜点。奢华代表着波旁王朝的荣耀及王后的名誉，而这样的时代确实存在于历史上。

玛丽·安托瓦妮特夏洛特蛋糕(上)是一款在巴伐露顶部放泡芙皮，挤上奶油，装饰点缀草莓的甜点。这个形状令人联想到乳房，表示这道点心象征着王妃的身体。蛋白糖霜（下）其实是王妃喜爱的简易点心。

据今田小姐所说，这两道甜品虽然都冠以玛丽·安托瓦妮特的名字，但毕竟是凡尔赛宫晚宴提供的点心，她个人究竟喜不喜欢，我们无法得知。对于出生在德语文化圈的维也纳的哈布斯堡王朝公主而言，她自幼所熟悉的应该是像蛋白糖霜这样的小点心，或是像咕咕霍夫（gugelhupf）般介于蛋糕与面包之间的食物。类似日本的鳖甲糖（传统手工麦芽棒棒糖），奥地利的蛋白糖霜也是以手工细致著名的点心，她在小特里亚农宫举行茶会时，看到这种可爱的点心或许会想起故乡吧。

在阿尔萨斯，咕咕霍夫是大家常吃的点心，因使用酵母（hupf）而得名。将奶油、砂糖、蛋、小麦粉混合，用酵母发酵后，加入葡萄干、糖渍橙皮烘焙而成。品尝之下，是甜中带有微苦的风味。跟前面提到的安托瓦妮特冰激凌饼干或夏洛特蛋糕相比，就显得相当朴素了，甚至说得更直白一点，这恐怕是一道与洛可可风格的王宫装饰格格不入的乡下点心。目前在德语圈咕咕霍夫仍是道常见的点心，但在法国变得广为人知，据说因为它是玛丽 · 安托瓦妮特喜爱的点心。

提到玛丽·安托瓦妮特，在民间只留下这段逸事。当侍从告诉她民众没有面包吃的时候，她却说：“他们为什么不吃蛋糕呢？”不过，这恐怕是法国大革命时期人们编的故事。为了慎重起见，我试着查询《19 世纪万有大词典》

（*Le Grand Dictionnaire universel du XIXesiècle*）这套法国百科全书，上面记载说这句话的是位高级妓女。而且所谓的“蛋糕”其实是奶油面包（brioche）。玛丽·安托瓦妮特其实与这些谣传毫无关系，她独自待在异国的宫殿，在孤独与不安中，也许会想起年幼时吃的咕咕霍夫吧。无法活在愚蠢的幸福中，这正是她悲剧性的一面。

女巫的汤

在上一篇文章中我们试着探究欧洲贵族女性的饮食生活，接下来虽然同样在欧洲，但相反地我要研究出身卑微、生活在社会边缘的女性究竟吃些什么。当我隐约想到这个主题时，想起多年前意大利出版的《女巫的食谱 · 历史 · 神话》（*Mangiar da Streghe: Ricette, Storie, Miti*）这本书，由食物史家劳拉·兰戈尼（Laura Rangonie）与人类学家马西莫·琴蒂尼（Massimo Centini）合著，琴蒂尼在都灵的民俗传统研究所任教，同时专注于中世纪女巫研究，累积了相当多的成果。以前，我就听说过包括权威坎波雷希（Camporesi）在内，意大利学界对于食物史的研究具有相当高的水平。我想这本书应该也有同样的可信度，读后发现这本书以丰富的线索为基础，将失传的食谱重新建构起来，我不禁深受感动。所谓历史的想象力，就是用来形容这样的场合吧。因此这次我决定试着重现中世纪女巫们的餐桌。

提到女巫，大家的印象或许是骑着扫帚飞在天空中的，与恶魔订下契约，作恶多端而且会施咒的魔女，但是这样的形象都是由中世的宗教审判官捏造出来的，反过来影响了民间传说。本来所谓的魔女，只是没受过正规教育的贫穷的农村女性。虽然没接受过正规教育，也缺乏基督教神学知识，但她们擅长接生、治病、辨识草药等，涉猎范围广泛。根据现有的研究可知，她们会运用这些知识调制禁药，有时还涉及堕胎与施咒。女巫们的聚会古代时就传到了欧洲，作为祈求村庄丰收的仪式被流传下来，因此与教会势力不相容。从现在的角度看，当时频繁地捕捉女巫，也许是因为这些教会在本质上是憎恨、恐惧女性的，认为这种古老的民俗文化威胁到了教会的地位。

所以她们真的像宗教审判官在调查书上所写的，用新生儿的血液制作药膏涂遍全身，变身为蝇，用青蛙的头、蜘蛛、树皮的粉末制作秘药，使农作物枯萎吗？她们在实际聚会时，又会吃些什么呢？

模仿“魔女的食物”，首先试做的是栗子洋葱汤。先将坚硬的栗子放入牛乳中浸泡一晚，使栗子软化，接着用猪油将葱与大蒜炒成黄褐色，这里用的是欧洲的葱，茎很粗的一个品种。这时加入泡过的栗子，倒入分量能够盖过食材的牛乳，慢慢地熬煮。

完成的汤呈浓稠的灰白色，试吃之下，带有栗子的涩味

在中世纪贫穷的农村，猪肉只有在特别的日子才吃得到。平常的食材是野鼠、青蛙。上方是栗子洋葱汤，下方是法式炖蛙。

与牛乳的香味，感觉相当滋补。葱虽然完全融入汤中，但栗子还保持完整的形状。伦巴第大区的女巫们不只会往这道菜里加葱，据说还会放用猪油炒过的切细的油菜花与包心菜，跟栗子一起用牛乳煮。呈上餐桌时附上面包，而且她们有在面包上洒渣酿白兰地的习惯。

其中最有意思的是这道奇妙的汤里牛乳的用法。食谱上写着要让坚硬的栗子变得柔软，这应该是秋季采收的栗子，一直保存到油菜花开的初春才变得坚硬吧。在乍暖还寒的荒野中，品尝用大锅煮出来的栗子洋葱汤，现代人恐怕难以想象其中的喜悦。我想这样的汤对于中世纪北方的贫穷农民来说，一定是熟悉的食物。

我经常在电影或小说中，看到女巫们跟煮山羊头的大锅一起出现，这应该是从恶魔化身——山羊出现在她们面前的传说类推而来的。实际上女巫们最熟悉的动物是猪，所以在料理时会经常用到猪油。女巫的料理有将猪脚与大蒜、洋葱一起熬煮，用大蒜、香芹、辣根调味的料理；也有在猪肚中塞入迷迭香、百里香等香草，长时间炖煮的料理。过去在调配草药方面，没有人比女巫更娴熟。

当时，只有在每年数次的节日里才能尝到猪肉，所以猪肉是非日常的食材。如果要选择更寻常的食材，那就是野鼠或青蛙吧。在 14 世纪，基督教异端教派清洁派 (Catharism) 以女巫的嫌疑将都灵的老妇人处刑，理由之一就是老妇人用野鼠与青蛙做菜，是在施展魔法。野鼠会跟随女巫是著名的传说，在莎士比亚的《麦克白》开头也有提到，但是野鼠动作很敏捷，不容易捕捉。就这点来看，池塘或沼泽里到处是的青蛙，是相对容易取得的食材。

制作青蛙汤，先要将蛙洗净剥皮，把胸肉与四肢取下。将芹菜、红萝卜、大蒜、洋葱切成碎末，用猪油炒热，再加上蛙胸肉，淋上少许白酒。当酒完全蒸散时再加水熬煮。把煮好的汤过一遍筛后，再加入蛙的四肢。最后往汤里添加些奶油，刨点奶酪下去就完成了。另一道法式炖蛙（fricassée）同样也是先将青蛙剥皮，为了让肉质紧缩，会放入沸水中汆烫。将烫过的蛙肉用餐巾仔细地擦去水分后裹上面粉，炒到稍微有点儿焦的程度。反正就是每道菜都会用到猪油。这时将大蒜与迷迭香切碎，先加进去让香味渗出，再加白酒。最后将谷物粉像做荞麦汤团似的调成波伦塔（polenta，意式玉米糊），从顶部盖上去，继续煮。

这也是道不可思议的料理。汤的味道其实很清爽，蛙腿直接浮在汤面上，总令人觉得有些毛骨悚然。中世纪已经有汤匙了，但是刀叉还没发明出来，女巫们应该是两手握着蛙骨，咔滋咔滋啃的吧。

由于添加了波伦塔，法式炖蛙变得特别有民间风味，就是略显寒酸。这次我们只在炖蛙上撒些玉米粉继续炖煮，因此感觉玉米粉的口感没有特别突出。所以还试着将波伦塔揉成块状再油炸。不知道是不是加了白酒煮的原因，我的第一印象是蛙肉有点儿酸。

提到魔女的汤，一般流传是用黑山羊的头熬成的，这是误解。青蛙汤才是最常见的。

说实话，我觉得味道似乎少了点什么。我稍微想了一下，找到了原因。这次试做的料理，都是发现新大陆之前的菜色。16 世纪西班牙人发现秘鲁，将许多未知的食材带回欧洲，从西红柿、土豆到辣椒都有，掀起了一场大革命，这是众所周知的事情。女巫的食谱是在这之前的，属于中世纪的东西，所以没有用到当时据说与黄金有同等价值的胡椒等香辛料。像青蛙汤等，如果是现在的意大利人，毫无疑问会以番茄为基底做汤。我们生活在 21 世纪，不知不觉中已经将盐、胡椒、辣椒、番茄以及橄榄油与意大利料理画上了等号，而我们的味觉也已经接受这样的“编码”，因此尝到在这套“编码”发明前的料理，会感受到奇妙的违和感。女巫的料理反过来让我重新思考，秘鲁对世界食物史的重要性。

恶魔的酒有各种配方。这次我们在酒里浸入杜松籽与茴香籽，添加砂糖。喝起来很浓稠，又甜又苦，就像中药。

最后是饮料“Vino Diabolico”，也就是恶魔的酒，这种酒曾经出现在各种各样的女巫审判记录里。做法是在紫萁汁中加入蜂蜜、玫瑰花的汁液，再与添加了肉桂、姜与砂糖的红酒混合，静置三天，其实做法很多样化。这次我们采用在红酒中放入杜松籽与茴香籽浸渍十天后，添加大量砂糖的配方。杜松籽是黑色的果实，带有微苦的风味，样子有点儿像正露丸。即使是在现在的意大利，大众也经常会在便宜的葡萄酒里加入砂糖来增添风味。不过在中世纪，砂糖是非常贵重的物品，应该在特别的聚会中才会用到吧。恶魔的酒喝起来很浓稠，又甜又苦，感觉像在喝中药。我觉得在漫长的一生中，体验一次也不错。对于参加中世纪女巫宴会的人而言，这风味应该很玄妙，感觉非比寻常。遗憾的是，我无法提供更多说明。

尽管如此，女巫们在森林或山地间过着以采集为生的日子，发明了这些料理。这些料理一方面遇到饥荒时可以作为克难的食物；另一方面也跟现在流行的“药食同源”思想相通。“大自然使她们成为女巫”，这是法国历史学家朱尔斯·米什莱（Jules Michelet）的话，他在19世纪曾写下知名的著作为女巫辩护。这次我试着体验食谱，特别感受到这句话有多含蓄，并记录在此。

小津安二郎的咖喱寿喜烧

小津安二郎（1903—1963）是日本最常让食物在电影中登场的导演。提到通篇的美食电影，有森崎东导演的《美味大挑战》（美味しんぼ）、伊丹十三的《蒲公英》（タンポポ）。但是以细腻的感情与幽默感，通过银幕描写平民日常吃的食物，恐怕无人能超越小津吧。我的脑海里浮现各种各样的景象。在《独生子》（一人息子）中，母亲为了确认儿子的状况来到东京，尚无成就的儿子带着母亲去面摊，一起吃“中华面”。《秋刀鱼之味》（秋刀鱼の味）里，曾经担任中学语文老师的老人，过去在上课时教过“鳢”这个字，现在事业有成的学生们请客，他才意外地第一次尝到真正的鳢鱼。《茶泡饭之味》（お茶漬の味）里崇洋的妻子热衷于制作蛤蜊巧达汤，看不起把味噌汤淋在饭上吃的丈夫，妻子最后与丈夫和解，一起吃起了茶泡饭。不论从哪段插曲来看，通过选择的食物，仿佛都能看出导演想要传达的心情。小津不曾刻意让很费工夫、珍奇的料理在电影中登场。炸猪排、鳗鱼、拉面、御好烧、肉包、烤盐渍沙丁鱼、关东煮，都是些 20 世纪前半叶日本平民爱吃且负担得起的食物，当然这也包括他本人的喜好在内。

提到关东煮，在《早春》里有一段令人莞尔的插曲。剧中，浦边条子饰演的母亲在东京荏原中延的繁华地段经营着一家关东煮店，她的女儿昌子（淡岛千景饰）忽然来访，原来是女婿杉山正二（池部良饰）近来的举动变得捉摸不定，她来找母亲商量。母亲说要把自己店里卖的魔芋给女儿当伴手礼带回去。过去，杉山还是学生时，因为手里没钱，在这儿总是只点魔芋。而且母亲还不忘加一句“还打包了爆弹盖饭[1]喔”。虽然只有短短三十秒的场景，却简洁地交代了这对夫妇从刚认识到现在的状况。这岂不是很高明嘛。

说起这次的料理，其实写到这里我有点儿困扰。虽然决定探讨小津安二郎的餐桌是件好事，但是不论是在他的电影里，还是在现实生活中，都没有特别适合实际制作、拍摄的独特料理。不，应该说只有一道——咖喱寿喜烧。这次我们决定挑战这道野蛮得令人讶异又带有怀旧气氛的菜肴。

到底一开始是谁先说的“小津先生做的寿喜烧天下第

1 爆弹盖饭（ばくだん丼，Bakudandon），将鲔鱼生鱼片、纳豆、秋葵、生鸡蛋等做成盖饭。

一”，已经不可考。不过高桥治曾在小津晚年担任他的助理导演，观察过这位巨匠的举动，根据他撰写的《绚烂的投影——小津安二郎》，田中绢代就是这样认为的。小津还在读小学时从东京的下町搬到松阪，大约在那里度过十年。提起松阪，当地的名产正是松阪牛肉，街上一间间寿喜烧店的门帘几乎可以连成片。既然他在那样的地方度过青春期，为什么还对牛肉的使用如此粗犷呢？传言如此，实际上小津本人做寿喜烧确实是很拿手，每次只要有访客他就做寿喜烧招待，不过他做的不是常见的寿喜烧，而是咖喱寿喜烧，这是最特别的地方。

根据贵田庄所著《小津安二郎的餐桌》，小津开始制作咖喱寿喜烧，是松竹片场迁移到大船之前，尚在蒲田制作电影的时期。如果追溯年代，应该是 20 世纪 20 年代后期吧。在蒲田的车站前有家叫“仓良”（kurara）的咖啡馆，由在松竹剧本部写出《我出生了，但……》（生れてはみたけれど）脚本的伏见晁的夫人八重经营。平常只提供咖啡，只有在附近的池上本门寺举行一年一度的日莲上人法会时，才会暂时改为营业到深夜的食堂，为客人供应咖喱饭。正好有一年，店里的常客小津、成濑巳喜男等人在举行法会的期间来到店里。当时大家都还很年轻，尚未成名。大概是拍片告一段落，正好有空吧。他们觉得常去的店家忽然气氛变得很有趣，便带着些许玩心开始帮忙削土豆皮、烹调咖喱。

一年一度为数众多的参拜访客络绎不绝地来到店里点咖喱饭。到了天亮时，这帮协助店家的年轻人自己也饿了，想着到底该煮点什么来吃。这时，如果要另外再做别的料理会很麻烦；如果要运用洋葱、牛肉、土豆等做咖喱饭剩下的材料，那就只有做寿喜烧了。因此这几位未来的电影巨匠们围坐在店里的二楼，睁着困到快合拢的眼睛，开始做寿喜烧。这时有个人从楼下端上来剩余的咖喱，倒入煮好的寿喜烧中，这个人就是小津安二郎。

在 1930 年拍摄的《我落第了，但……》（落第はしたけれど），有一段只要看过就绝不会忘记的场面。由于考试将近，学生们聚集在住所的二楼，深夜时忽然感到很饿。但是他们买不到食物，除没钱外，这时所有卖食物的店都已经打烊了。因此学生们想出一个办法：在黑暗中他们以特技的姿势在窗边投影出“パン”（面包）的片假名字形，设法联系田中绢代所饰演的咖啡馆女服务员。学生们还想到利用赛跑用的玩具手枪引起女服务员的注意，虽然隔着一段距离，但鸣枪声还是成功引起了女服务员的注意，为他们送来了想要的面包和咖啡。在我的想象中，仓良咖啡馆的二楼应该也有着类似的和谐氛围，所以才成为电影青年们的聚集场所吧。

小津在战后用来招待访客的咖喱寿喜烧，并不是在开始料理寿喜烧时就混入咖喱，而是在寿喜烧快完成时撒上咖喱粉。在松竹大船片厂参加小津组的工作人员或演员，似乎每个人都乖乖吃过小津导演亲手制作的寿喜烧。这个惯例发生异变，是在 1955 年的时候。为了撰写《早春》的剧本，小津在搭档野田高梧的别墅“云呼庄”（啊，竟然取这样的名字！）闭关，这时主演之一池部良特地来拜访他。小津导演照例端出待客的咖喱寿喜烧。池部尝了一口后说：“这什么味道，吃起来像零食一样。”将口中的食物吐了出来。池部是为了这部新片邀来的东宝公司的演员，很遗憾他不晓得松竹大船片厂的默契。可以想见，周遭工作人员的表情在一瞬间冻结。根据高桥治的回忆，在这场“国王的新衣”事件后，小津再也没有动手替寿喜烧调味了。而且在《早春》中，加东大介饰演的厂长在战时曾吃过狗肉寿喜烧，在影片中他怀念地说，没有比那更好吃的东西了。寿喜烧的滋味与一起工作的伙伴的团结意识有关，新加入的池部当然不懂。

最近我跟冈田茉莉子一起吃饭时，小心翼翼地询问她关于咖喱寿喜烧的事情。她很直截了当地说，那种料理没什么好吃啦。冈田小姐在小津的电影中登场，是接近小津晚年的事情，她也大略知道池部良这场“国王的新衣”事件。

如果仔细回想在小津安二郎作品中登场的料理，就会发现其中没有意大利面跟汉堡。尽管对于现在的我们而言，它们跟炸猪排或咖喱饭同样熟悉，但是没有在电影中登场的理由很简单。小津在 1963 年过世，享年六十岁，在当时这两种料理都还不能算是大众化的料理，尚未深入日本人生活中。我们或许应该回想起，意大利面成为独立的餐点，不只是一种淋上番茄酱的食物；年轻人流行去麦当劳等速

咖喱寿喜烧，据说只是在做好的寿喜烧上撒咖喱粉，是非常简单的一道料理。酱油、砂糖的甜味与咖喱的香味混合，形成有趣的味道。这道料理的滋味，是由一起工作的伙伴产生的团结意识促成的吧。新加入的池部良，只觉得这味道像零食。

食店吃汉堡……这些都是 20 世纪 70 年代的事情。

不过，所谓“寿喜烧”究竟是什么呢？其实是明治时期刚开始接触牛肉的日本人，为了彻底掩盖住肉的腥味，硬是用酱油与砂糖调味的一道料理。但是随着牛肉的质量大幅提升，民众可以轻易买到进口牛肉，而且从韩式烤肉到佛罗伦萨牛排，各种各样的烹调方式变得广为人知，寿喜烧过去曾经是奢侈的平民料理，现在已经式微了。将来可能会像糙米面包或鲸鱼培根一样，成为功成身退的日本料理，当人们怀旧时才会想品尝吧。不过到了那时，或许寿喜烧真的将成为代表小津世界的料理，被另眼看待。因为小津耗费毕生描写日本人丧失的事物，当所有的事物都染上一层怀旧的色调时，回顾昔日世界，现代人的恋物癖也将画下完美的句号吧。小津安二郎啊，你将永远存在于世人的记忆中。

玛格丽特·杜拉斯的猪肉料理

食物与殖民地之间，究竟有着什么样的关系呢？

玛格丽特·杜拉斯（Marguerite Duras，1914—1996）由于《情人》这部国际级畅销小说而广为人知，其实这位女性作家虽然是法国人，却有着在越南南部成长的奇特经历。20世纪初期，当时马来半岛的东半部仍是法属殖民地，杜拉斯的父亲在西贡病逝，母亲长期在当地的电影院担任钢琴伴奏，同时抚养着三个孩子。在贫困的生活中，她好不容易取得可以开垦用的土地，却每季都有遭受洪灾，因此全家陷入了贫困与绝望的处境。

如果生在富裕的殖民阶级，杜拉斯的越南体验应该会完全不同吧。她是村落里唯一一户法国人家庭的小孩，她与越南人一起吃饭，近距离观察越南人，就这样度过了童年与少女时代。根据她的回忆，在越南用砂锅煮饭，于锅底形成的锅巴上淋糖蜜，这是孩子们最爱的点心。杜拉斯成年后才踏上祖国的土地，虽然获准进入巴黎大学，但是她的大学入学资格是通过越南语取得的。从《抵挡太平洋的堤坝》（*Un barrage contre le Pacifique*）到《情人》（*L'amant*）各种各样的小说，都是根据当时的体验书写而成。她后来再也没有去过越南，不过据说她住在巴黎时，鱼露是厨房的常备食材。即使在吃法国料理时，出于住在越南时养成的习惯，她会下意识地以左手取用菜肴，似乎也经常拿两把叉子当成筷子般使用。

根据住在杜拉斯家附近的记者米歇尔·芒索（Michèle Manceaux）的回忆录《我的朋友杜拉斯》（*L'Amie, Albin Michel*, 1997），她其实很擅长运用简单的食材，做出富有创意的料理。包心菜肉卷、带有甜味的烤肋排，小扁豆、菜豆或内脏料理，据说都是她的拿手菜。就在我茫然地查询各种资料时，承蒙法国文学研究者佐藤清子女士借我这本名为"玛格丽特的厨房"（Benoit Jacob：La Cuisine de Marguerite, 1999）的食谱集。据说是杜拉斯生前撰写的，是本薄薄的书。我赶快翻阅内容，有梅利纳·迈尔库里（Melina Mercouri）教她的希腊肉丸、安玛丽·米耶维尔（Anne-Marie Miéville）的牛尾炖蔬菜汤、玛丽亚风格的鳕鱼料理等，不正记载了三十道杜拉斯好友们传授的菜肴吗？每一道料理都不复杂，而且以便宜的价格就能购买到食材，感觉可以轻松地端出来招待访客。有趣的是，其中都是些一般法国人不擅长的亚洲或拉丁美洲料理。杜拉斯在说明西班牙冷汤或印尼炒饭等所谓的“民族风料理”时，一定很愉快。在《玛格丽特的厨房》中占篇幅最多的是越南料理，我想这就不必再说明原因了吧。

这次我们尝试重现的，是在这本食谱开头提到的“鱼露炖肉”（Thịt kho tàu）料理。首先我们来读杜拉斯的食谱吧。食谱中解说“thit”是肉“kho”，是加鱼露炖煮的意思。

这可以说是南圻、安南，当然也是北圻的国民料理，在法国绝对没有机会尝到。在中南半岛，人们切肉时不会把肥肉或皮切掉，也就是吃整块肉。他们将肥肉与瘦肉一起吃下去。当肉汁凝成冻状后，会变得更美味。将猪肉片放入热水中煮半小时后停火。将煮猪肉的水一部分移到小烤锅里，加入六到八颗方糖，煮到呈焦糖状。如果砂糖煮到变成深褐色，散发出气味，那就把窗户打开吧。将烤锅从火炉上移开，在焦糖中加入鱼露，迅速地将两者调匀。在全部的肉片上淋煮猪肉的汤。将烤锅里的焦糖分成数次融开，再加入橄榄油。接着再炖四十五分钟。不，是一小时。

鱼露炖肉就是越南农历新年吃的食物，由于这道菜很

越南的鱼露炖肉是农历新年的料理。说起来就像日本的豚角煮（日式红烧肉）。把鱼露炖肉舀到白饭上吃，是杜拉斯从小养成的习惯。

好保存，所以一次会炖很多。鱼露炖肉可以说是非常平民化的料理。做法其实有很多种，调味的基底是焦糖与鱼露，除了加鱼露，还可以加酱油。跟水煮蛋一起炖煮也很美味，但杜拉斯并没有提到。在南越，当肉经过充分炖煮变得柔软时，会加入椰浆，调和整体的滋味，这次我们也试着照作。

糖浆焦化的味道弥漫在房间里，接下来是炒花生的气味，煮中式汤、烤肉、各种草药、茉莉花茶、香料、尘埃、木炭燃烧的种种气味。这里将炭火放入笼中在街上卖，这条街便充满了属于僻地村落、森林里的味道。

我们在烹调炖肉时，空气中的确弥漫着这些气味。只要实际上试做后就会知道，总之这就是东亚一带常见的炖五花肉，可以说是豚角煮或东坡肉的越南版。如绝壁般垂直耸立的猪肉，由皮、脂肪以及瘦肉的部分构成美丽的剖面，吃在嘴里柔软多汁。砂糖的甜味与鱼露的鱼腥味微妙地混在一起，有种难以形容的亲切滋味。杜拉斯带着些许自豪写下“我是吃这道料理配白饭长大的”。可以想象，这道用带皮猪肉制作的料理会让一般法国人大为惊愕。

接下来同样是猪肉料理，我们试做了阿尔萨斯酸菜猪肉。这道料理跟鱼露炖肉不同，没有收录在《玛格丽特的厨房》中，但是只要读过杜拉斯《树上的岁月》（*Des journées entières dans les arbres*，1954）这部短篇小说，就绝不会忘记这道料理。

在贫困中辛苦抚养三个孩子的母亲，由于从殖民地设立的水泥工厂获利，忽然变得很富裕。她戴着十七个金手镯意气风发地来到巴黎，前来迎接母亲的是小儿子。他不论从事什么工作都坚持不了多久，目前在卡巴莱（夜总会）的工作有些暧昧。跟他同居的情妇似乎以卖春维生，两人总是在吵架。母亲对于儿子落魄的处境，既不怨叹也不发怒，只是沉湎于过去的回忆。这孩子从小就喜欢爬树，不太爱读书呢。她才第一次见到儿子的情妇，就命令她去超市采购。后来，母亲做了一道阿尔萨斯酸菜猪肉，母子俩仿佛上瘾似的，早晚都在吃这个。似乎是因为母亲一直没尝到儿子家的拿手料理，而且在殖民地猪肉受管制，到了巴黎总算可以放开吃了。“只有食欲，是人类死前唯一剩下的事物”，杜拉斯这样写着。终于，吃饱的母亲睡着了。儿子将她的金手镯偷偷带到红灯区，在赌博中全输光了。母亲知道以后，默默地原谅了一切……

杜拉斯也曾经将这部短篇小说改编成剧本。在剧本中，由于母亲说希望能赶快尝到，所以在匆忙中买回来的是冷肉。如果是正统的酸菜猪肉，要将猪排骨撒上粗盐，静置一晚，再跟用水冲洗过的酸菜（盐渍包心菜）一起煮。这时会用到白酒，不过为了接近杜拉斯笔下的世界，应该选

在杜拉斯早期杰作《树上的岁月》登场的酸菜猪肉，是将猪排骨与盐渍包心菜一起煮的猪肉料理。料理中使用的白葡萄酒越便宜，越接近杜拉斯笔下的世界。

便宜的白葡萄酒更合适吧。我参考手边的阿尔萨斯料理书，装盘时盛上培根与香肠，在酸菜里添加洋葱与苹果的刨丝。当然这么一来，风味会有微妙的改变，说不定偏离了原本蕴含的阶级性。总之用小火慢炖，最后撒上香芹末，盛些煮土豆也可以。要吃的时候，当然少不了芥末酱。这道料理佐白酒或黑啤酒都可以。在杜拉斯的小说里，母亲坚持要博若莱新酒，可能是想喝长久以来没机会喝到的红酒吧。从这些的细节可推测，她之前可能待在阿尔及利亚一带的伊斯兰文化圈。

在殖民地生活，究竟是什么样的体验？鱼露炖肉是怀念消逝的殖民地岁月的料理，阿尔萨斯酸菜猪肉则完全相反，是在殖民地吃不到的料理，也可以说是祖国的象征。这两道菜都以猪肉为食材，彼此却又像镜中的倒影。杜拉斯晚年陷入严重的酒精中毒，不过她最后吃的食物到底又是什么呢？

开高健的血肠与猪脚

开高健（1930—1989）写过名为“玉碎”的短篇小说。收录在短篇小说集《罗马尼·孔蒂·一九三五年》（ロマネ·コンティ·一九三五年）中，许多人应该都知道吧。内容其实叙述着相当耐人寻味的场景。

著名作家老舍擅长描写北京老胡同风情，无人能出其右。有一次他造访香港，新闻记者立刻赶到，询问他关于知识分子的生活状况。老舍原本不想回答这个问题，但是对方执意追问，他才开口。但他仍然没有正面回答，只说了某个在乡村流传的故事：

在某个村落，有个历经数百年都不曾熄火的铁锅正熬煮着，里面放了葱、白菜、芋头、牛头、猪脚等食材，总之就是像大杂烩一样，一直咕嘟咕嘟地煮着食物。在大锅的周遭围着一群人，用勺子将食物舀到碗里，据说费用按碗的数量计算。

老舍花了三个小时，巨细无遗地解说“究竟煮了什么、锅里冒出了什么样的泡泡，汤是什么滋味的，每个人究竟能吃几碗”，据说他讲完之后就从房间里消失了。

老舍所说的铁锅是否真的存在，无法得知。但是我认为如果要理解开高健的文学作品，可以从这段故事反映出的某种本质着手。吃这项行为对人类来说是恒久的特质，不论是哲学观念还是政治意识形态都无法取代。仿佛为了印证这个观点，他的作品里到处都有食物出现。在《日本三文钱歌剧》（日本三文オペラ）中，在废墟里盗取金属物资的在日朝鲜人津津有味地吃着用猪的胎儿做的寿司，喝着用羊水煮的汤，《夏之暗》（夏の闇）的主角为所爱的女性做各种内脏料理，包括炸小牛睾丸、炖牛肾脏、牛胃等。以越南战争期间的西贡为背景的短篇小说《筑贝冢》（贝冢をつくる），详细地解说了一种用鱼炖煮的汤锅食谱，并详细描述了榴莲的滋味。大概只要是能吃的东西，每一样都跟人有关，这可以说是这位身兼钓手的作家的信条。

这次从为数众多的开高健食物谈中，选出了《罗马尼·孔蒂·一九三五年》小说集中的两道料理尝试重现。其中一道是曾在同名短篇小说中登场的血肠，另一道是《黄昏之力》（黄昏の力）中描写的猪脚。虽然两道菜都以猪为食材，但都不是日本人常吃的食物。

在《罗马尼·孔蒂·一九三五年》中，主角在深夜的巴黎雷阿勒区点了一份血肠。当时隔壁仍是肉类处理厂，而身旁的瑞典女性品位高雅，点了哈密瓜与生火腿。

血肠是法国的传统料理，指以猪血为材料制作的香肠。等冬天来临时杀猪，并立刻用桶接住流出的猪血。将腿与五花肉做成火腿或培根，肝脏做成咸派，只有猪血另外处理，添加油脂或香草，塞进薄薄的肠衣制成香肠。动物的血液就像营养价值高的内脏一样，对于中世纪的欧洲农民来说是不可或缺的食材。在16世纪法国作家拉伯雷（François Rabelais）的《巨人传》（*Gargantua and Pantagruel*）中，提到一段混乱又古怪的逸事：传说巨人国的王妃有一次吃了太多这种血肠，造成脱肠，因此生下卡冈都亚。这一幕传神地写出血肠这种食物，具有幽默且颠覆秩序的特点。因此，我在中学时代初次读《巨人传》后，就想着哪天一定要找机会尝尝这种食物。

在开高健的短篇小说里，20 世纪 60 年代末，一位长期住在巴黎拉丁区便宜旅店的日本作家，出于偶然的机会，认识了来自瑞典的女性时尚记者。作家在某个寒冷的冬日夜晚，邀她去中央批发市场附近吃夜宵。从拉丁区过了塞纳河就是中央批发市场，现在这座市场已经搬迁，这里变成像日本原宿般明亮的观光区，不过在当时还是肉类处理厂。到了深夜，从外地过来的长途卡车陆续抵达，即使夜深了这里还是很热闹。在一片喧嚣中，两人在体育馆般的廉价餐厅里，吃了很晚的一餐。女记者点了生火腿与哈密瓜，作家点了血肠，还请人送上一瓶波尔多格拉夫产区的红酒。这个对比很有趣，作家在不知不觉间，将高雅的瑞典女性牵拖到了肉食之路上。

血肠就是“用猪血灌的香肠，然后再蒸热，佐上筛过的薯泥。用刀子切开，于是在白色的盘子里除了看到黑褐色的血肠外，还会闻到独特的气味。将血肠与薯泥混着一起吃……处理肉品的工人穿着沾有血迹的工作服直接走进来，靠着酒吧的柜台，喝个一两杯稍微放松一下”。

在用餐之后，两人发展了亲密关系。吃血肠的场所就在肉类处理厂隔壁，尝试肉食的极限，巧妙地成为前奏曲。不晓得开高健知不知道，法国小说家埃米尔 · 左拉很喜欢这个市场，并将其称为“巴黎之胃”。倒是开高健关于吃血肠的描写，相当带有情色的气氛。

我自己也很喜欢血肠，不知道为什么，面对这种令人联想到粪石学（Scatology）的黑色物体，冒着热气拿刀切下去时，总令我感到愉悦。在很久以前，当我在巴士底周边地区长期逗留时，曾承蒙津岛佑子[1]女士招待，记得当时她的确照着法国朋友所教的，将以苹果为基底制作的酱汁淋在血肠上。我还清楚记得当晚的情景，她说中上健次由于健康状况恶化，已经住院，真是令人意外的消息。有时候，东京的法国餐厅菜单上也会出现血肠，但多半只提供小块萎缩的切片，真是扫兴极了。

这次我们试做的另一道菜是猪脚，以下直接引用开高健的文章。深夜里，地处偏远而且笼罩在恶臭的拉面店里，主角一边望着沾着酱油与汤汁的墙壁，一边啃着蘸大蒜味噌的冷却的白色猪脚，喝着气味强烈的老白干。

他勉强地啃着猪脚，用带着血丝的眼睛不时望着荒凉的墙壁、破旧的厕所入口。吮吸着沾满脂肪的手指，一口接一口咬着由皮、脂肪、瘦肉等巧妙构成的猪脚，

1 津岛佑子（1947—2016），小说家，太宰治之女，作品曾获谷崎润一郎奖、野间文艺奖等奖项，并被译为多国语言。

小心地啃着，仿佛怕被大蒜的气味呛到。当猪脚被彻底啃光，只剩下骨头时，他把猪骨横放咬碎前端，开始用嘴唇吸着浓稠的骨髓。

正确地说，这段文字充满错谬。在法国，菜单上会出现猪脚的，通常是韩国料理店，那里应该不会提供中式的蒸馏酒。如果是米兰著名的炖小牛膝或许另当别论，但是从猪脚前端吸骨髓，正常情况下应该不可能做到吧。不过我认为这段描述所表现的活力，相当令人畏惧。这段文字跟巴黎肉市的廉价餐厅一样，明显表现出吃的行为本身，本质都带有情色的生物主义。

开高健虽然一般被归类为美食作家，但是读了与他熟识的菊谷匡祐[1]所写的《开高健在场的情景》（开高健のいる风景，集英社，2002），发现与其说他是美食家，“爱吃鬼”更符合他的印象。菊谷推测开高健从少年时代到成年，只知道为了填饱肚子而拼命塞食物，可能从来不曾为了满足味觉而吃。我想这样的推测应该很正确。总之他是位被庞大（接近伟大的程度）食欲附身的作家。我跟他的独生女在小学时代曾去同一间补习班上课，见过她母亲本

1 菊谷匡祐（1935—2010），日本作家，除了自身著作、翻译之外，曾多次参与跟开高健相关的电视节目、杂志企划。

人，不过从来没看过她父亲。开高健在五十九岁时就过世了，不过如果可以的话，我真希望至少跟他谈一次话。我们可以用不完全的大阪腔对话，想到就很开心。

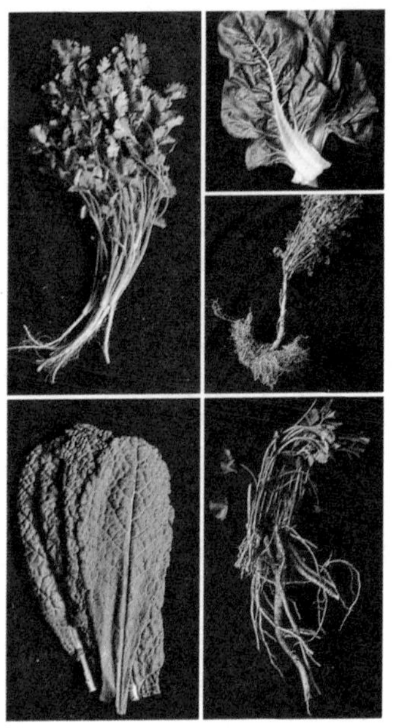

古罗马采用的香草与蔬菜。

阿比修斯——古代罗马的盛宴

自开始本书的写作以来，我一直想找机会以古罗马的“阿比修斯”（Apicius）为主题，向他致敬。他是目前所知，世界上最早撰写饮食书的人。作为美食界的先驱，在欧洲正如文学界的荷马，数学界的欧几里得，他的名字也受到同样程度的推崇，在日本也不例外。有乐町的高级餐厅以他的名字命名，号称是“阿比修斯食谱”的书也出版了许多本。他本人是否真的撰写过这些食谱，令人怀疑。恐怕在漫长的岁月中，有人将众多美食家与厨师的智慧编纂起来，象征性地冠上他的名字吧。这次我们将根据罗马的考古学家欧金尼娅·里柯蒂（Eugenia Prina Ricotti）所写的《古罗马的宴会艺术》（*L’arte del convito nella Roma antica*），挑战阿比修斯的世界。

提到古希腊，印象中就是在星光熠熠的夜空下弹奏竖琴，哲学家们谈论美学，与之后登场的古罗马可以说形成了鲜明对比，许多人应该都会联想到酒池肉林的放纵盛宴吧。其中原因之一，就是罗马时代盖厄斯·彼得罗纽斯·阿比特（Gaius Petronius Arbiter）留下的小说《爱情神话》（*Satyricon*）中描写了特里马尔奇奥（Trimalchio）的盛宴。我也不例外，《爱情神话》中的场景给我留下了深刻印象。不过我并没有读原著，而是观赏了费里尼在20世纪60年代拍摄的同名电影。特里马尔奇奥原本是出生在叙利亚的奴隶，后来成为在罗马无人匹敌的富豪。在他举办的宴会上，出身贵族的宾客们斜躺着，由美少年服侍着他们。现场演奏着音乐，当美女们舞蹈时，令人难以置信的料理被逐个端上来。象征着十二星座的十二盘料理，用到了从非洲的无花果到地中海的鱼、牛的内脏等，来自罗马帝国各领地的食材制作的料理排列在一起。以野兔做成象征天马的料理、印度的菇类料理、烤乳猪等，其中评价最高的是整只烤乳猪，用刀子将猪腹切开，里面竟然还有斑鸫跟香肠，仿佛是有生命似的出现在眼前。

即使一生只有一次也好，我梦想着能出席这样奇特的宴会，很幸运的是，这次我能一窥其中的一小部分。我试吃到的是蔬菜汤、芦笋烤饼，还有海鲜与猪肉料理，共四道料理。

制作蔬菜汤要先将鹰嘴豆、小扁豆、豌豆浸泡在水里，加入捣碎的大麦后一起煮。充分炖煮一阵子后加入橄榄油，将韭葱、芫荽、莳萝、茴香、莙荙菜、葵叶、包心菜芽等

放入三种豆类煮成的汤。可推测出在古罗马料理中，今日所谓的东方要素占了相当大的比例。

新鲜蔬菜切碎后加入汤中。把茴香籽、奥勒冈、罗盘草、独活草等香草捣碎，最后再用鱼酱调味，倒在汤上调匀。在实际烹调时，罗盘草已经从世界上绝迹，所以改用印度料理经常使用的阿魏（asafoetida）以及意大利的黑甘蓝（cavolonero）。最后在汤上试着加点儿锦葵叶。

试吃之后我发现，原来这种有着浓稠质地的淡绿色蔬菜汤，就是现在的意大利浓菜汤（minestrone）的原型。只是食材大异其趣。现在的浓菜汤会加入洋葱与大蒜，整体因为番茄而泛着红色。但是我们必须记住，在发现新大陆之前，番茄在欧洲并不存在。不用香芹而采用独活草，用奥勒冈与茴香籽代替胡椒，这也很有趣。

第二道菜是芦笋烤饼。这是将芦笋的茎磨碎，与独活草、芫荽、香薄荷等香草、油、酒、鱼酱混合，再加上蛋液烤成的。吃起来像柔软的慕斯，舌尖上残留若干咸味与苦味。现在的意大利料理也很少使用香薄荷，但我们添加这种略带刺激的香草是为了提味。

用芦笋做的烤饼，添加了现在很少用到的香薄荷，增添了辛香味。

接下来是网烤日本龙虾，终于有点儿宴会的气氛了吧。就像字面上的描述一样，先将日本龙虾连壳切成两半，淋上酱料后烧烤。问题在于酱料的调配。我们本来想依照原书的描述采用芫荽酱汁，但是记载过于简略，无法掌握细节。因此我们用了其他料理会使用的酱汁，将芫荽与孜然切碎，与带甜味的酒一起混合，再加入鱼酱、油、醋备用。如果光尝酱汁，可能会觉得腥味有点儿重，不过当日本龙虾白色、丰满的虾肉淋上酱汁后，腥味就消失了，反而烘托出香草的气味，感觉相当玄妙。

网烤日本龙虾。用芫荽跟孜然制作一种酱汁，再用芸香与独活草试着做另一种酱汁。

不过既然难得有机会吃日本龙虾，光使用一种酱汁有点儿可惜。所以我们还准备了另一道酱汁：将独活草与胡椒捣碎，倒入甜葡萄酒增添甘味，再加入少许芸香，用小麦粉增添黏稠度。这也是依照书中的做法。我第一次看到芸香，它外观很可爱属于小株的香草，将其直接含在嘴里仿佛有牛乳混合山椒的气味，跟无花果有些相似。这道酱汁也很合适，总之就是展现罗马帝国奢华的一道料理。

最后一道料理是整只的烤乳猪。自我看过《爱情神话》后，就想着总有一天要亲眼见到这道菜。这次能目睹这道梦幻料理，我的确很高兴。虽然是整只烧烤，但并不是将猪皮上的毛剃掉放入烤箱就好了。首先要从乳猪咽喉开始去除背脊骨，让整个猪变成巨大的皮袋，接着塞入填料。填料包括鸡肉、鸽肉、鹌鹑肉等禽类肉，再加上香肠、法国蜗牛。根据原文应该将这些肉分别做成肉丸，这次我们全部捣成碎肉再填入。在填料里还加入了感觉越来越熟悉的锦葵叶、莙荙菜、甘蓝菜、芫荽等，以及椰枣之类的果干或松子，最后加入十五个水煮蛋。光是填料就有四千克。在填装完成之后，将猪皮缝合，放入烤箱烤三小时。趁这段时间准备酱汁。将胡椒、芸香、鱼酱、甜酒、蜂蜜与油等材料煮沸，加入面粉增加稠度。将烤得酥脆的乳猪切开，把调好的酱汁全部淋在上面。

用刀子划开猪背，在切肉时确认黄白相间的水煮蛋已排列整齐，此刻我内心雀跃。椰枣的果实带有黏稠的甜味，佐上调味料淡淡的咸味，仿佛交响乐般谱出微妙而和谐的曲调。各种肉类的风味混在一起，不会单一，仿佛品尝到了肉的本味。这是在叉子还没发明的时代的料理，出席宴会的贵族应该是边被身旁的美少年伺候着，边用手拿起切好的肉往嘴里送吧。

整只的烤乳猪。光猪腹中填料的总重量就超过了四千克。自从看过费里尼的电影，我一直希望能吃到这道菜，这个梦想终于实现了。

如果要说吃完四道料理的感想，那就是这些古罗马的料理以现在的观点来看，亚洲元素出乎意料的鲜明，欧洲烹饪界神圣的创始者阿比修斯的料理应当也是如此。事实上，一开始并不分亚洲或欧洲的饮食世界，而是将众多食物筛选之后，才形成现在所知的欧洲料理。

譬如，试着回想一开始制作蔬菜汤的食材，鹰嘴豆又被称为“埃及豆”或“鸡豆”，小小的像石头一样的表面带有棱角的豆子，在印度到地中海一带，至今仍是常见的食材。小扁豆同样也散发着东方气息。说到蔬菜，阿比修斯的菜单里到处都有芫荽，这点也很有趣。在泰式料理或中华料理中，它以“phakchi”或“香菜”的名字为人所熟知，并带有独特的气味，目前，在欧洲的餐桌上看到芫荽的机会很少。但是原本它的名字源自拉丁文“coriandrum”，在罗马帝国时期的料理中十分常见。

最后，针对古罗马特有的调味料——鱼酱，也必须加以说明。其实关于这种谜一样的液体，目前仍然众说纷纭。鱼酱当时被称为“garum”，是一种从盐渍的鱼中抽取出来的相当昂贵的调味料。在现在的意大利料理中，仅以腌鳀鱼的形式留下过少许痕迹。有种说法是 liquamen 跟 garum 其实是同一种东西，就像现在的伍斯特酱一般标示为酱汁，反正用途就是使料理增添咸味。如果 liquamen 跟 garum 是同一种东西，那么东南亚一般使用的鱼露、泰国的鱼酱（nampla）、日本的盐鱼汁也可以算进鱼酱之列，与亚洲的距离又更加近了。另外，仔细想想，罗马帝国境内的广袤领土统合了东方与西方。帝国的领土从叙利亚、埃及到摩洛哥，包含现在阿拉伯世界的大半。而且不只是地中海以北，地中海以南跟以东的食材也陆续运到罗马。我们习惯于称一些事物的起源是在欧洲，其实这跟欧洲以外的地区也有关联，了解这些事情不只是为了研究美食，以文明论的观点来看，不也相当有趣吗？

《斋藤茂吉肖像画》，铃木信太郎画，
布面油彩，1952 年，斋藤茂吉纪念馆藏。

斋藤茂吉的牛乳鳗鱼盖饭

我最近才知道有所谓“鳗圣”这个词，读作“MANSEI”。据说这个称号曾封给一些人物，他们从鳗鱼中获得灵感，从事艺术创作，宣传鳗鱼料理在人类文化中的意义与显著贡献。简单来说，就是对鳗鱼特别偏爱的艺术家。我立刻想起先前提到过的君特·格拉斯。不过，说起鳗鱼，日本当然不会输给其他国家。因为就算是只以某一特定鱼类作为食材的餐厅，也普遍存在于日本各地。放眼全世界，日本社会确实有其独特之处。这次的主角是歌人[1]斋藤茂吉（1882—1953）。如果格拉斯是西方的“鳗圣”，那么斋藤茂吉无疑就是东方的“鳗圣”吧。

斋藤茂吉到底有多喜欢鳗鱼，有许多相关的佐证。从短歌研究的角度，几乎可以出一本专著。这次为了写书，我

---

1 和歌是日本的一种韵文形式，古称“倭歌”或“倭诗”，又称“大和言叶”。专门创作和歌的作者被称为“歌人”。和歌有多种创作形式，其中上下句分别由不同的歌人创作，被称为“连歌”。

参考了里见真三的《智者的食欲》（贤者の食欲，文艺春秋，2000）。根据他搜寻的斋藤茂吉全集，在占了四册将近三千页的日记中，据说有一段这样的记述：斋藤茂吉生前最后二十五年间，吃了九百零二次鳗鱼。因为他午餐跟晚餐连续吃鳗鱼也不算稀奇，所以实际上应该还吃了更多次吧。

斋藤一家来到位于筑地的竹叶亭，正准备讨论长男茂太的婚事，新娘家的人由于太紧张，没把眼前的鳗鱼吃完。据说，茂吉发现后很快就代为一扫而空。还有一次，地方上的学生邀请他外出写连歌。当然，写完后众人一起吃鳗鱼。据说茂吉非常介意谁拿到的鳗鱼最大块，跟其他人频频交换装餐点的叠盒。

茂吉身为青山脑科医院的院长，为了照顾病患工作非常忙碌，自然经常叫外送餐点。当然，他点的都是鳗鱼饭。他最厉害的纪录是连续四天都吃外送鳗鱼饭。就算暂时从工作中解脱，出去吃外食，首选仍是鳗鱼。尽管如此，也只有在儿子相亲时，他才会进入高级料亭。他平时用餐选的鳗屋是离医院很近的“佐阿德”，或是下了宫益坂，从道玄坂往上走，路旁一家叫“花菱”的鳗屋，他喜欢这类平易近人的鳗屋。这两家店至今仍继续营业。我之前去过花菱，虽然内部是老店的装潢，却以很低的音量播放着20 世纪 50 年代的摩登爵士，感觉真是蕴含雅趣啊。

1940 年春，当茂吉在银座散步时，居然在百货公司的食品卖场里发现了鳗鱼罐头。那是 1934 年由滨名湖食品推出的罐装产品，但是市面上并不常见。茂吉顿时感到狂喜。因为当时日本对中国的侵略尚未停止，街头的战争气氛越来越浓厚。如果演变成日本跟美英列强正式对立，以后恐怕很难有机会悠闲地坐在鳗屋里吃蒲烧鳗鱼了。少了鳗鱼他就写不出和歌，他个人的创作生涯，恐怕也将因此结束。

想到这里，茂吉当场囤购了大量的罐头。这究竟是因为对战争的茫然与不安，还是出于医生防患未然的心态，日记上并没有提供解答。不过慎重的茂吉在店里还吃得到鳗鱼时，并没有开罐头来吃。从珍珠港事件翌日起，由于心情激动，他连续三天去花菱用餐，后来开始吃鳗鱼罐头，是在 1943 年战况渐渐失利的时候。

1945 年春，空袭变得越来越激烈，茂吉被迫独自疏散到故乡山形县。当然他没有忘记携带《万叶集》以及大量罐头。其实在山形县最上川有野生的鳗鱼。“我与栖息在最上川的鳗鱼，一起脆弱的活着。”眼前仿佛浮现茂吉欣喜的表情。

在这里甚至连鳗鱼罐头都不必开。他在东京时视为生命依托的鳗鱼罐头，到了这里忽然显得多余起来。据日记记载，有弟子从远方来探望，他特地让妹妹开罐头，放在暖桌上招待客人，看来日子过得颇有余裕。茂吉在 1947 年后又要调回东京，这时他仍不忘携带大量罐头。此时，东京的物资仍然匮乏，但只要能经常打开罐头，想吃鳗鱼的心情就能获得满足。“十几年后，因舍不得而慢慢吃的鳗鱼罐头留到了现在。”他在 1949 年写下这段和歌。原来当年囤积的罐头数量竟然多到这种程度。

茂吉大量囤购的鳗鱼罐头，是由滨名湖食品推出的。这家公司从 1934 年到现在，持续制造、贩卖这种罐头。

那么，茂吉究竟是如何吃这种罐头的呢？当时还没有微波炉，要将之前煮的饭与罐头中的食物一起加热，是比较费事的。最好的方法，就是像吃茶泡饭一样，淋上某种温热的液体。譬如，在日记里，可以看到这样的描述：“今天很疲倦。从早就卧床休息。晚餐吃了鳗鱼，喝了点牛乳。”原来如此。用冷饭配鳗鱼罐头实在太凄凉，所以浇上了牛乳。当然在这样的时刻，牛乳一定要是热的。而且在《斋藤茂吉随笔集》（岩波文库）收录的散文《第一高等学校回忆片段》中，有一段令人在意的记述。

当时的学生将牛肉做的菜称为“雪屐的皮”，由于不够大家吃，我拿了一瓶热牛乳来。接着，大声喊着：“要吃大餐了，快拿生姜来。”于是，有人拿着盛着鲜红色生姜渍的盘子过来。经过两三次的喊话之后，大家狼吞虎咽地吃起了牛乳泡饭。

茂吉的牛乳泡饭不是一朝一夕想出来的，背后可能累积了将近半个世纪的钻研，或是去德国留学时自炊的记忆发挥了作用。因为在欧洲，牛乳与鳗鱼的组合并不奇怪。除了之前在格拉斯的篇章中曾经提过，我自己以前在葡萄牙的乡间也曾吃过用牛乳炖煮的鳗鱼跟土豆，回想起来真的很美味。说起德国，那不正是西方“鳗圣”格拉斯的祖国吗？没有人能断言，茂吉在德国留学时没吃过当地的牛乳鳗鱼。

因此，我希望尽快拿到蒲烧鳗鱼的罐头。日本最早的鳗鱼罐头生产厂商滨名湖食品到现在仍在制造这种罐头，真令人欣喜。现在东亚各国有很多便宜的鳗鱼运送到日本，日本超市里陈列着许多冷冻鳗鱼，据说很多罐头公司早就

在碗里盛些冷饭，放上罐头鳗鱼，淋上热牛乳，用这道简单的料理当做消夜，对忙着治疗病患而感到疲惫的茂吉而言，是安抚心灵的重要慰藉。

停止生产鳗鱼罐头了，滨名湖食品真的有考量过收益吗？不过其实也别担心，还是先振作起来，试着料理食物吧。

把罐头打开，将里面的鳗鱼盛在冷饭上，注入预先加热的牛乳，最后再用红姜点缀。这其实很简单。我实际试做后，发现白色的牛乳融入鳗鱼的调味酱汁，在吃的时候会形成拿铁咖啡的色调。酱油与少许味醂，以及砂糖的甜味渐渐地渗入其中。在适度的咸味中，红姜意想不到的酸味如伏兵般出现，温热的水汽仿佛蕴含着丰富的滋味袭来。这么说来，当我还是学生的时候，曾在连山椒都不放的偏僻食堂里，吃过搭配红姜的鳗鱼盖饭。对于为了治疗病患一直待在诊室的茂吉来说，这种做法很简单，而且只要吃过鳗鱼就会明白其中的滋味。

从各种各样的逸事来判断，可得知茂吉绝不是美食家。他从来没说过一定要哪条河川的野生鳗鱼。养殖鳗鱼大量上市时，他单纯因为能吃到鳗鱼而感到安心，也不曾看不起鳗鱼罐头。他只因为眼前有鳗鱼所以心存感激，满足地将其送入口中。

茂吉在 1953 年正值七十一岁时离开人世。在他去世前两年，仿佛在宣告着事情到此为止，留下了跟鳗鱼有关的几首和歌：

想到吃进腹中的鳗鱼，自己的生命也变得同样贵重。

触及人们的内心，我不觉想起自己吃过的鳗鱼数量。

目前为止我所吃的鳗鱼都已成佛，闪耀光明。

如果阅读他的日记会发现，茂吉离世前的两年里，他一共吃了十三条鳗鱼。只能说，真是令人佩服。在他漫长的人生中，经过口腔咀嚼进入体内的鳗鱼，全都像神明一样吧。欧美有许多人一开始就认为，动物是为了让人吃而诞生的，而茂吉对饮食抱持的这种态度，或许会让他们觉得难以理解。对于茂吉而言，摄取食物的行为，与自己的生死在本质上有所关联。关于鳗鱼，鹤屋南北《四谷怪谈》中有句著名的台词“即使身首异处，仍在扭动”。摄取这种可以说是象征生命力的鱼，对歌人茂吉而言，正是直视生命本质的绝佳机会。这三首和歌，岂不正适合他“鳗圣”的封号吗?

保罗·鲍尔斯的摩洛哥料理

洁伊在巴黎时，去过法国烹饪学校。她搬到我这边以后，整天关在厨房，好像在煮什么。我悄悄地看了一下，她正在偷偷喝酒呢。因为厨房一直都有酒摆着，对于酒精上瘾的她来说，应该是个可以放松的地方。

保罗·鲍尔斯（Paul Bowles，1910—1999）在丹吉尔（Tangier）的住宅中对我这么说。当时，他已经八十几岁了，虽然夏天即将来临，但暖炉里仍在焚火。在微暗的室内，书架上散置着他创作的小说与散文的各国译本。这位已成为传奇的作家，自从二十几年前他挚爱的妻子洁伊过世后，就一直独居在摩洛哥的海滨城市，过着隐遁的生活。他离开故乡美国已经超过半个世纪，一直没有回去过。

我为了拜访保罗·鲍尔斯，去了五六趟丹吉尔。每次他都很友善地接待我，告诉我战前他在纽约跟杜尚（Marcel Duchamp）与约翰·凯奇（John Cage）度过的愉快时光。

保罗·鲍尔斯与我初次见面，见面过程后来有留下文字记录。他是位温和且眼神亲切的人（铃木力摄影）。

若是当摩洛哥友人穆罕默德·穆拉贝正好也在场时，有时候也会泡茶招待，或制作简单的汤，穆拉贝总会协助这位名作家一起料理。我还记得，有一次穆拉贝端出加了鹰嘴豆与芫荽的汤。鲍尔斯说，这种汤叫作“哈利拉”（Harira），在斋戒期间，通常一到日落就立刻开始品尝。当时我还没体验过摩洛哥料理，但是被番红花染成黄色的汤很漂亮，柠檬的酸味也很鲜明，我觉得相当美味。就在当时，我心想如果能翻译他的长篇小说《蜘蛛之屋》（*The Spider's House*），不知道该有多好。

只要是喜爱鲍尔斯作品的读者，应该都会赞同《蜘蛛之屋》是他最杰出的作品吧。故事背景是在1954年的古都非斯，摩洛哥独立派民族主义者对于法国殖民地政策的反抗日益激烈，待在摩洛哥的欧美人士几乎都已经离开。仿佛鲍尔斯本人化身的美国作家，声称为了写作继续住在当地的旅馆里。他偶然间在动乱的街角，认识了继承祖传法力的少年。少年虽然没受过教育，却很纯真聪明，让作家印象深刻。但是由于政治局势混乱，作家只能弃他而去，伴随着堕落的美国女人远离非斯。这部长篇小说通篇表达出无论人有多亲近，最后还是无法互相理解的观点。

有趣的是，在这部作品中到处是富有魅力的摩洛哥食物。作者对声音与香气的描写，让读者从感官上认识了非斯居民的日常生活，跟美国人待在冷清的饭店餐厅，一口口吃着冷掉的蛋包饭与冷肉，可以说形成了强烈对比。这次我们决定从小说中选出几道料理试作。

首先要制作的是少年落单时，烈日下的摊贩那里卖的圆面包与烤羊肉串。圆面包被称为“Khubz”，在摩洛哥到处都可以看到，在中东地区被称为“皮塔饼”（Pita）。如果没办法在家自行制作，人们会叫小孩子每天去附近的面包店请店家帮忙烤。由于摩洛哥历史上曾长期是法国殖民地，现在一般也有卖长棍面包的，不过我想鲍尔斯应该会安排少年吃传统的阿拉伯面包。烤羊肉串的香辛料气味

左为塔吉锅，右为马多芬锅。摩洛哥砂锅的名字也是所烹煮菜肴的名称。在打开锅盖的瞬间，香气与水蒸气会一起冒出来。

鲜明，通常会被当作外带食品。在吃的时候，先用皮塔饼包起羊肉串，再把肉插拔出来，羊肉就会被漂亮地夹在饼里，像三明治一样。这样吃的时候也不会弄脏手。

在其他段落里，少年出于强烈的焦躁感走进咖啡馆，点了一份沙拉，接着就开始吃起来。咖啡馆外的广场不见人影，只看到一队警官正在待命，如果独立分子开始示威游行，就立刻加以镇压。一般在摩洛哥咖啡馆供应的沙拉，是将番茄、青椒、洋葱切片后，再撒上芫荽、香芹叶，挤些柠檬汁，跟前面的羊肉串一样用圆面包夹着吃的。跟欧洲的沙拉不同，除了有香辛料与胡椒盐外，还放了孜然。光是多了孜然，就让这盘沙拉有了尘土般不可思议的风味，整盘菜就像施了魔法般富有摩洛哥风情。

接下来是主菜。在《蜘蛛之屋》里摩洛哥的著名料理塔吉（tajin）登场。主角无法忍受城市里一触即发的紧张气氛，带着少年去山中的圣地。在那里举行着彻夜喧嚣的祭典，现场为众多参拜者搭起帐篷，建立临时食堂，当地的妇女在那里用塔吉锅炖煮食物。从随风摇曳的橄榄树叶隙，可听见从不远处传来的鼓声。焚烧木材的烟混合着橄榄油加热后散发的香气也一同传了过来。

塔吉因食材不同，有各种各样的料理方式，这次我们采用了牛肉与鸡肉两种肉作为主要食材。将肉切成一口大的方块，跟番红花、胡椒盐、橄榄油一起炒。这时可以先放入大量的洋葱切片与小扁豆。接着加水一起煮，当肉煮熟时先取出来。在剩下的酱汁里加入洋葱与肉桂等香辛料继续煮。最后再把肉放入锅中，融入热腾腾的酱汁，放进有圆锥形锅盖的食器里上菜。

将端上餐桌的塔吉锅打开的瞬间，总是令人满心雀跃。包含肉桂等复杂的香料气味随着水蒸气一起升起，让人觉得非常满足。小扁豆融入煮成深褐色的洋葱里，既浓稠又甘醇。摩洛哥的确是嗅觉的国度。光是穿过市场，就能闻到薄荷的香味、皮毛的气味、牛粪的味道、从刚斩的羊头中流出的血液的气味，陆续体验到多种味道。而塔吉给人的印象，正是集合市场中所有气味一起炖煮的料理。

再回到《蜘蛛之屋》的故事，少年偶然间认识了独立运动的重要人物，在果园内隐蔽的藏身之处接受讯问。这

从右上起以顺时针方向依序是：贝鲁卡尔法（柳橙）、薄荷茶、烤羊肉串、皮塔饼（圆面包）、用牛肉与鸡肉炖成的塔吉、鹰嘴豆芫荽汤、羊肉茄子意大利面，正中央是番茄青椒沙拉。

时跟面包、汤一起端出的是“羊肉茄子意大利面塔吉”。鲍尔斯原本写的是塔吉，但是正确来说，这道菜应该是马多芬。马多芬的做法是将一开始就炖煮的羊肉用细面覆盖，其上放茄子，再撒些切碎的香芹末。将面染成黄色的是番红花。这不是摊贩小吃，而是从家中端出的一道料理。

独立运动的重要人物为了收服少年，请他吃各种食物。甜点是贝鲁卡尔法，其实也就是柳橙。摩洛哥建筑的一大特点是采用了几何图样的瓷砖，其实餐桌上出现的盘子多半也有类似的图案。仿佛为了配合这样的风格，水果也依照戒律切成六边形。像这样的特色正是摩洛哥人有趣的地方。这道甜点中还放了肉桂与砂糖，只要食物中添加肉桂，立刻就会变得深邃起来，带有谜一样的感觉。

最后登场的是 thé à la menthe，也就是薄荷茶。这是在金属制的壶中塞满薄荷叶，再注入浓浓的红茶，加蜂蜜调匀。在摩洛哥的咖啡馆里，通常由侍者将其从高处注入小小的玻璃杯中。如果对于像特技般的手法感到惊讶，侍者会得意地面露“这不算什么”的表情。不过因场所而异，有时候喝这杯薄荷茶还得赌上性命。如果在户外点薄荷茶，而且周遭环绕着盛开的美丽花朵，察觉到蜂蜜浓郁香味的蜜蜂经常会成群飞来。过于急躁的蜜蜂会直接冲进热茶里，或是停留在玻璃杯沿观察情况，离嘴唇的距离几乎只有三厘米远。根据我个人的体验，那简直就是千钧一发的时刻。

万一蜜蜂因为蜂足沾到热茶而受刺激，将会引发可怕的灾难。

无论如何，据《蜘蛛之屋》烹调的全餐就此告一段落。如果真的在丹吉尔，可能有人会缓缓地从口袋里拿出违禁品开始点火，但在日本，如果尝试违禁品会被绳之以法。

鲍尔斯在 1999 年结束了八十九年的一生。巧合的是，我在同年写完《摩洛哥流谪》（モロッコ流謫，新潮社，2000）。隔了很长一段时间，我现在吃着他生前喜爱的摩洛哥料理，怀念起与他超过十年的往来。鲍尔斯的灵魂现在应该在炼狱的某个地方吧，还有洁伊也是。

伊莎多拉·邓肯的鱼子酱随意吃

在人生中，拼命吃某种食物直到腻为止，并不是常有的体验。我想起以前芥川龙之介的短篇小说《芋粥》里出现的小官吏。这个人物原本想着，只要能饱餐一顿用甘葛熬煮的芋粥，人生就没有遗憾了，当眼前放着整碗盛满的芋粥，还听到要添多少次都没问题时，光是这样就觉得饱了，连食欲都消失了。

瓦尔特·本雅明也曾在某篇散文中，说出过类似的体验。他偶然在葡萄牙的乡间，不小心受骗买下了过多的无花果。为了早点让两手腾出来，拼命地吃无花果。他说，在咽下最后一颗无花果时，心想这辈子再也不会吃这种水果了。他的确是个不切实际的思想家，曾说过如果缺乏两种极端的体验——对未知的好奇、对永久持续的单调感到嫌恶，就无法了解食物真正的滋味。这次我们要来尝试一种吃到极限的料理。

提到伊莎多拉·邓肯（Isadora Duncan，1877—1927），

大家都知道她是20世纪首位现代舞舞者。她出生于美国，年轻时举家搬迁到欧洲后，很快就迷上了古希腊。于是她穿着古式的服装丘尼卡（tunica），脚踩轻便的凉鞋，以雕像般的造型开始跳舞。

足尖鞋（芭蕾舞鞋）曾在19世纪席卷欧洲，这么一来舞者的脚终于从之前舞鞋的压迫中获得解放，以更自然的形态运动，但邓肯还是更爱以裸足舞蹈。她终其一生，都处于革命的状态。以法国国歌《马赛曲》为背景音乐跳舞时，等待着准备来捕捉她的敌军，然后亲吻国旗；吸吮着自己流的血，不畏惧敌军的势力，仿佛夸耀似的站出来给大家看。为十月革命献上的颂歌《革命国家》，将原本朝着大地的拳头举向天空，表现出充满愤怒的攻击姿势。肉体的运动往往与精神联动，舞蹈不只是优美的表象，邓肯相信舞者可以通过肢体与神圣的事物产生关联。如果从这种观点来看，近代的古典芭蕾只是充满虚饰的伪善表现。

而邓肯的私生活，也同样自由奔放。她拥有活跃的社交生活，也成为众人闲聊的话题。她先与名演员爱德华·戈登·克雷格（Edward Gordon Craig）相恋，接下来与比她小十八岁的俄国诗人谢尔盖·叶赛宁（Сергей Александрович Есенин）结婚，虽然两人几乎语言不通。当然这段婚姻维持不到一年就破裂了。邓肯生下过三个孩子，三个孩子各自拥有不同的父亲。

婚姻失败后，邓肯住在巴黎，几乎身无分文，但是一直有人接济她。总是有人愿意在餐厅帮她付高额的账单。她的个性是只要能给予，就会尽量付出。反过来说她也很幸运吧。除了艺术家以外，邓肯也招待政治人物与社交界的名流频繁地举办宴会。到了深夜兴致来了，即使她有点儿发福，也还是会表演令现场所有人倾倒的舞蹈。

梅塞德斯·德·阿科斯塔（Mercedes de Acosta）作为诗人与剧作家的身份已被遗忘，仅留下在某个时期可能是葛丽泰·嘉宝的情人的印象。她在回忆录《内心深处》（*Here Lies the Heart*）里写下这样的叙述。

有一天，她（伊莎多拉·邓肯）以开玩笑的口吻抱怨，都没有人能请她吃足够的鱼子酱、草莓跟芦笋，还有香槟。她说自己最爱的食物是这四样。因此在几天之后，我邀她来我家。在桌子的中央，放着用七丛烹调过的芦笋堆成的小山，周围堆着一罐罐鱼子酱，再围绕着酒瓶（全都是特级香槟），而且在桌子的四角放置篮子，装着刚摘的新鲜草莓。室内各处平坦的地方，都陈列着芦笋与草莓、鱼子酱的小山，还摆着数量更多的香槟酒瓶。伊莎多拉非常兴奋。那天晚上，她回去的时候，我将所有吃不完的食物都送给她，请她带回去。

这位艺术的爱好者，想让邓肯尝尝有钱的滋味，于是便试着揶揄她。故事的出处是苏珊·罗德莉格-亨特（Suzanne Rodriquez-Hunter）所写的《巴黎永不流逝的飨宴》（*Found meals of the lost generation*）。在这本书里有格特鲁德·斯坦（Gertrude Stein）的野兔料理，海明威还很穷时所吃的土豆与香肠等，都是些放在这本书里介绍，一点儿都不显得奇怪的食物。不过，为什么邓肯会想要鱼子酱堆成的小山，理由很简单。她根本没想到，会有摆设华美到这种程度的愚蠢料理。

首先，鱼子酱与香槟的组合虽然不错，但是加上草莓与芦笋，就有些难以置信了。或许是邓肯在深夜的酒宴中已经喝醉了，顺手这样摆出来的吧。说不定当时正值秋季或冬季，她觉得应该不可能买到这两种食材，所以才这么说吧。在《竹取物语》中，辉夜姬也曾对王侯贵族提出要火鼠裘等难题。这里的提议正是类似的情形，邓肯一定做梦也没想到，竟然真的有人接受，并且耗费令人难以置信的人力与成本。

不过尽管如此，包围着芦笋山堆起的鱼子酱，究竟代表什么呢？如果在黑面包或饼干上涂点酸奶油，或是抹些切碎的水煮蛋后，点缀几粒黑色的鱼子酱刚好。将那么腥的食材堆起来，究竟有什么用呢？根本不可能用汤匙舀来吃，如果真的这么做，不管喝多少香槟，摄取的盐分都是超标的。

将草莓、芦笋与鱼子酱排得像一座小山，并摆出香槟。在酒会现场到处陈列着这样的小山。邓肯玩笑似的提到这道料理，而为此付出高额费用的则是葛丽泰·嘉宝的情人。

虽然在当时是相当奢华的组合，不过除了鱼子酱之外，目前都不难实现。不知是幸还是不幸，现在无论是芦笋还是草莓，只要有花若干费用的心理准备，即使在秋冬，比起在20世纪20年代的巴黎，这里应该更容易买到。因此，我们实现了这个计划。虽然规模很小，但我们真的实现了这个想法，这应该是全世界继阿科斯塔之后第二次有人这么做吧。将试作的感想记录如下：

我一开始想到的是，这里排列出的食材，每一样都很方便用手拿着。不管是草莓还是芦笋，都可以随意地用手送入口中。鱼子酱可以盛在面包或饼干上，不成问题，香槟注入玻璃酒杯里就好。它们的共同点是都不需要刀叉，感觉上与20世纪20年代巴黎社交界轻快的感觉不谋而合。与可可·香奈儿或让·科克托这类“神圣的怪物”还没有出现时的气氛颇为相似。

我还想到一点，就是俄罗斯。鱼子酱源自俄国，对于邓肯而言具有特殊的意义。她向往革命、婚姻和创立舞蹈学校，后来这一切都幻灭了，于是她流亡到巴黎。在革命刚结束时，莫斯科的粮食补给恐怕相当艰辛，如果要啃生洋葱补充营养，根本不可能奢侈地大啖鱼子酱吧。邓肯只是将想到的事情随口说出，我认为在“想吃鱼子酱”这句话的背后，隐含着她对丈夫的祖国无尽的追忆。

邓肯的人生最后步上相当悲惨的路途。她的两个孩子坐在汽车中，坠入塞纳河被淹死。她非常意气消沉，在十四年后也同样因为意外死于车祸。当时她正要搭乘跑车，脖子上围绕的长丝巾卷入车轮，意外地把她勒死。对于晚年的邓肯而言，她是否对鱼子酱已经腻了，现在也无法确知。我自己这样想象着，她应该还是会像过去一样，啜饮着香槟酒。

吉本隆明的月岛酱汁料理

月岛的商店街一直都有摊贩出来摆摊。每次在那里买了炸肉准备回家，路旁的狗一定会靠过来呢。明明其他客人走过都不会这样，可是它仿佛从我的脚步声就察觉到这个人怕狗。所以它紧跟着我。没办法，我只好将肉片的边缘撕下，扔向远处，狗就会追过去。趁着这个机会，我赶紧过桥，一路奔向自己所居住的新佃岛。尽管如此，有时候我还是无法摆脱狗，手上的炸肉全都被叼走，感觉欲哭无泪呢。所以我到现在拿狗还是没办法。

吉本先生怀旧地说着。在太宰治的《畜犬谈》中，有个角色宣称虽然没被狗咬过，但是坚信自己有一天绝对会被咬。听着他的话，我不知不觉就想起这个故事。

所谓的“炸肉”，现在常被称为“炸肝排”或“炸牛肝”，是东京月岛特有的料理。将牛的肝脏放血后切成薄片裹上面包糠，是像炸猪排一样的油炸料理。为了方便手拿，用竹签从中穿过，将热腾腾的油炸食品浸在酱汁中，涂上芥末酱后食用。战后，在日韩国人将烤肉店发扬光大之前，日本人没有吃动物内脏的习惯。从某种意义来说，炸肉是一种珍贵的例外。

月岛是 19 世纪末在东京湾疏浚之后填海而成，附近就是石川岛的造船工厂，所以没过多久就工厂林立。结果就是年轻的工人从日本全国各地来到月岛。炸肉可以说是一种他们可当成零食吃，容易入手的食物，最重要的是便宜。在战前，炸猪排一片十五钱的时代，同样大小的炸肉据说只要两钱。年轻的工人们聚集在摊贩前，喝着烧酌，配着四五片炸肉，当时还是小学生的吉本以羡慕的眼光看着他们。因为就算用父母给的零用钱买了一片，也一定要在回家前吃完，这样不成文的规定维持了很长一段时间。

我曾在月岛住过一阵子。附近卖炸肉的肉店或熟食店还剩下三家，我经常买刚起锅的炸肉回家。直到现在，炸牛肝跟月岛文字烧依然并列为最受大家欢迎的食物。接近黄昏时，附近的主妇会买十片或十五片炸肉回家。我想带伴手礼去吉本先生位于本驹込的家，来到以前经常光顾的店，听说现在开店前就有许多客人聚在门前等，一下子就卖完了。这家店的老板由于以前居住的长屋遭到拆除，现在住在原地新建的三十七层高楼的第三十五楼。因此，我转向别家稍微远一点的店，很幸运的是，他们家的炸肉是

在月岛的商家购买炸肉，拜访吉本先生家。请注意肉排的横切面。

八十岁的吉本隆明。他说小时候只能买一片炸肉，不过现在既然是大人了，想买几片来吃都可以。

在我面前现炸的。这是我相当怀念的味道。为了让吉本先生早点尝到，我赶紧请店家全部包起来。

对于吉本先生而言，炸肉是外带食品的代表。而在月岛（严格说来是新佃岛）的家中，他经常吃的是土豆酱汁炖煮。

这道料理的做法很简单。首先在大锅里放入大量随意切块的土豆、切细的洋葱与油炸豆皮。将酱汁注入，加水稀释。将全部食材熬煮到没有多余的水分，当染上酱汁颜色的土豆煮到化开时就关火，是这道料理的秘诀。完成后只要将其盛在饭上，就可以开动了。

土豆酱汁炖煮的做法：
① 将土豆大略切块；
② 将油炸豆皮切细；
③ 将洋葱切细；
④ 把全部的料放入锅中，浇上伍斯特酱；
⑤ 加水稀释后，一直煮到汤汁收干；
⑥ 当土豆煮到化开就完成了，可以添在饭上食用。

吉本先生的父亲好像不是很喜欢这道菜，但是包括吉本先生，还有他家里的小孩都很喜欢这道菜，感觉可以每天持续吃下去。据说采用油炸豆皮，是因为猪肉太贵买不起。提起在天草[1]出生和长大的母亲，她究竟是从什么时候开始，用从西方传来的伍斯特酱汁（Worcestershire sauce）取代酱油的？吉本先生感到有些不可思议。

实际上试做后就知道了，这必然是主妇为了喂饱家中众多人口，在忙碌的日常生活中想出的料理。吉本先生是在多位兄姐环绕下生长的老幺，家中每个人都在工作。即使他只是个孩子，一有空就要负责看守钓虾虎鱼用的小船。土豆与伍斯特酱汁的组合，通常会让人联想到可乐饼。不过在当时紧凑的生活中，他的母亲很难悠闲地准备油炸可乐饼。在炸可乐饼的时候，孩子们会接连把炸好的成品吃掉，于是做多少都不够。“母亲会巧妙地调味”，吉本先生说。后来，吉本先生也试着模仿母亲的调味，尝试了许多次，但是还没有成功过。

最后要来写洋葱饭的部分。“原理跟土豆酱汁炖煮一样，只是转变为在刚煮好的饭上添加菜”，先附带这样的声明，吉本先生开始说明。这也是一道非常简单的料理。

---

1 天草，位于九州，17 世纪幕府锁国时期，天主教徒大量涌入避难，现有殉教纪念公园。

洋葱饭的做法：
① 把洋葱切成薄片；
② 在平底锅里倒入油快炒；
③ 将煮好的饭轻轻混入；
④ 盛在盘子上后，撒点柴鱼片；
⑤ 当然还是要加伍斯特酱汁，这样就完成了；
⑥ 成品的样子。

首先将洋葱切成薄片，在平底锅里倒点油之后快炒。如果把洋葱切得很细也没关系，但是注意不要炒过头。然后加入刚煮好的饭混合。盛在盘子上后，从上方撒点柴鱼片。可以当场削，也可以使用装在袋子里的成品。最后再淋上伍斯特酱汁。如果没有酱汁，用酱油也行。

这道料理很快就可以完成。在热腾腾的饭上有柴鱼片轻轻飘动着，吃进口中有滋润的感觉，味道很容易让人接受。如果洋葱跟饭炒过头了，就会变成中华风的炒饭吧。一定要在炒到这个地步前关火，留下有点儿生的感觉。这样说或许会让出生在东京的吉本先生感到意外，但是酱汁跟柴鱼片的组合，会让出生在大阪的我想起章鱼烧。就在感觉饭上仿佛盛着章鱼烧的心情下，我一下子就吃完了一盘。

吉本先生说，如果是太花时间的料理，不论有多美味都不行，或是只有看起来好吃的料理也不行。为了顺应每天的生活，必须利用现有的食材，尽可能迅速地料理出美味的食物。如果没有洋葱的话，用葱也可以；如果没有酱汁的话，用酱油也可以。对于每天做菜的人而言，必须具备这种程度的应变能力。

这道料理是他二十几岁刚结婚，在四叠半（よじょうはん，四点五张榻榻米的大小，约八平方米）的公寓里生活时就经常吃的，当时他既没钱又没有工作，除了身上穿的衣服之外，什么都没有。据说他买不起矮桌，就将树脂制风吕敷摊开来代替餐桌，与夫人面对面静静地用餐。会用到柴鱼片，也是因为肉太贵买不起，拿柴鱼片来当代替品。这道料理有时被称作“洋葱饭”，或是“葱便当”，到现在还没有固定的名称，但是蕴含着这些回忆，确实是道珍贵的料理。

吉本先生曾与“料理铁人”道场六三郎有过一次对谈。从童年时代的食物开始，一直到批评现在的怀石料理，两人意气相投，谈得很愉快。吉本先生提到自己的洋葱饭，道场六三郎虽然赞成这一定好吃，不过又加了一句话：“要是上面再添点炒蛋，就更有营养了。”吉本先生似乎对于“原来要加炒蛋啊”很感佩，但是他或许内心并不同意。在向我说明烹调步骤时，也很奇妙地略带孩子气地说：做菜不需要每天总是拘泥于营养的问题。与贫穷的新婚时期记忆相关的神圣菜肴，怎么能加上炒蛋呢——这或许才是他真正的想法吧。

听到吉本先生的料理故事，我渐渐理解，所谓的食物也就是回忆、想法。蕴含着固有的食物记忆，绝对无法让渡给他人，是仿佛可以再现，却绝对无法完全重现的事物。从食物微妙的调味中所浮现的，是家中每一个人微妙的人际关系。吉本先生语带怀念地说着往事：过去一直看不起炸肉的父亲，某次试吃之后发现原来炸肉很美味，从此以后就要孩子买回来吃。

这次提到的三种料理有个共同点，就是都以伍斯特酱汁为基础。月岛究竟能不能被称为“下町”，在历史上仍然存疑，但是我想无论如何这种酱料的味道都是下町料理的基础，这点确实备受认同。英国人以日本的酱油为灵感，发明了这种调味料，在日本近代化的过程中，出乎意料成功地酝酿出了乡愁。

甘党礼赞

“耶稣究竟有没有吃过甜点呢？”爱吃的我还在读小学时，听到“最后的晚餐”的故事后经曾这样想。在西方，好像偶尔也有小孩会这么猜测。我的一位法国朋友，小时候也曾天真无邪地询问：为什么明明是最后一餐，却没有点心呢？据说受到神父严厉斥责。想必认为这是无礼的幻想，彻底亵渎了领圣体的仪式。当我阅读米歇尔·图尼埃（Michel Tournier）所写的《东方之星的故事》（*Gaspard, Melchior et Balthazar*），发现自己长久以来所抱持的疑问，在偶然间找到了答案。图尼埃是位法国小说家，他的作品《左手的记忆》（*Le Roi des Aulnes*）被拍摄成电影，以小孩独有的纯真以及残酷为题材，在作品中展现哲学思考。

《东方之星的故事》是以耶稣在伯利恒诞生时，在场的人叙述各自立场为背景展开的。东方三国王也被称为“东方三博士”，其中有着迷于白人奴隶的有着白皙肌肤的黑人国王、迷上美少年与雕刻的古巴比伦国王，以及因政变被国家放逐，变得落魄的年轻王子。他们听说有年轻的国王在伯利恒诞生，在彗星的引导下展开长途旅行，终于如愿见到刚诞生的耶稣。耶稣诞生的消息，是通过正好在场的驴子告知的。

但是图尼埃在这里，提起一位过去从未听说过的第四位国王。他当时是印度王子塔欧鲁。其实这位王子是一位非常热爱甜点、身形圆胖的青年，他听说在遥远的西方国度有世界上最优秀的点心师傅诞生了，于是让好几头象载着满满的甜点材料，与许多奴隶从印度浩浩荡荡地出发，目标是加了开心果的土耳其软糖，这是一种外皮裹着糖粉的、绿色的、柔软的立方体甜食。过去，阿拉伯商人非常慎重地将土耳其软糖装在小檀木匣中，从西方国家运到印度，王子自从吃了这种甜点之后，就深深地为这种神秘的滋味所吸引。

从印度到巴勒斯坦很遥远。王子没有赶上耶稣诞生的时刻。没有办法，他只好在附近的村落举行盛大的宴会分享从印度带来的甜点。这时，希律王的军队出现了，把无法去到宴会现场的幼儿都杀了。深感后悔的王子将身边的奴隶都解放了，从此远离任何甜食，到一切都由盐构成的城市投入开采岩盐的艰辛劳动。三十三年后回到俗世的王子，已经变成瘦弱的老人。他想看一眼传说中的救世主，走到各地寻找，最后到达抹大拉的玛丽亚家。但是王子这次的运气依然不佳，又来迟了。耶稣与弟子不久前结束晚餐，刚离开这里。老人独自留在空无一人的食堂中，感叹着自己的运气实在太差了，不假思索地将桌上散落的面包屑与杯底剩下的一点点葡萄酒咽下。于是散放光辉的天使从天而降，告诉他：你是全世界最早领受圣体的人。随后，天使便带领原本绝望的他进入天国。

现在我为了写稿重读这段故事，仍然觉得这是个很美的故事。甜蜜的事物总是从异乡而来。为了追求未知的甘美，人必须赴远方旅行。不过超越上述的原则，这个故事可以说是关于人类的通过仪式，饶富兴味的寓言。

王子出发时，有源源不断的甜食围绕着的幸福的童年时代即宣告结束。他之后在悔恨与自我牺牲中度过了三十三年，在一切都由盐构成的城市里，除了盐以外什么都没得吃，最后终于尝到了面包与红酒。这可以说是为饱受现实折磨的残酷人生准备的救赎。王子的人生，其实也就是耶稣的影子与分身。图尼埃通过这个故事，以幽默的寓言形态指出世人的规范，也就是所谓“耶稣的一生”的神学观念。将“最后的晚餐”与甜点的主题相结合，绝不是我自己孩子气的发明。不过那可是充满了无止境的痛苦、辛酸的人生。

面包与甜点，追本溯源都离不开面粉、水、火与手工揉制。这两者究竟有多相近，从我们周遭泛滥的名为“花式面包”的东西上，就能明白。所以，在一开始我所提出的问题：耶稣究竟有没有吃过甜点呢？就得到答案了。意大利面食（pasta）的情形也一样。在意大利文中，所谓的意大利面食除了细长面（spaghetti）或通心粉（macaroni）等之外，像比萨或派等基本上都是以面团为材料的食物，甚至包括一般的甜点。“paste”这个词据说来自拉丁文，原意是揉捏原料，跟英语的 paste 相对应。如果知道这一点，就很容易了解。在本书前面的篇章也提到过，传说在法国大革命前夕，当民众吃不上面包时，玛丽王后说出了“他们为什么不吃蛋糕呢”这样的话，但是这段话的真实性颇令人怀疑。事实上，在法国将面包与甜点区分开来，是近代之后才有的现象。

流传至今最古老的意大利面食食谱，源自罗马帝国的美食家阿比修斯，那是将揉制的面团炸过，再涂上蜂蜜的一道料理。我不禁想到，这跟地中海边上的从摩洛哥到突尼斯的马格里布地区，如今仍常见的将面团烤过后涂上蜂蜜、撒上肉桂粉的点心，应该起源相同吧。数年前，我去西班牙旅行时，在节日的公园里，人们试着再现中世纪的西班牙料理，我正好遇到整排的摊贩。在那里，我也看到在烤面团上涂蜂蜜的点心，我感到很满足。由于伊比利亚半岛长期受伊斯兰势力支配，制作面食时融入马格里布地区的传统点心做法是理所当然的事。

我有位朋友叫作萨尔瓦多·普尔维伦蒂（Salvatore Pulvirenti），是位出身西西里岛的画家。他的样貌类似美剧《神探科伦坡》里的彼得·福克（Peter Falk），总是表现出一副安静的样子，但是只要到用餐的时候，他就会点两三盘点心，以幸福的表情一扫而空。他的胃口之好会让周遭的人大吃一惊。我这位朋友画的油画非常有趣。以前，他仿佛将内心的苦闷都反映在画布上了，非常偏激，作品仿佛地狱图，不知从什么时候开始，巨大的画布上只会出现不可思议的甜点。

画中的点心内馅烤到微焦，在角状的面皮包裹下，有可爱的红色果实点缀着，表面还撒有绿色的糖粉；在由绿色的开心果构成的乳房形状的点心主体上，以糖渍樱桃做装饰，就像乳头一样；在正方形的派皮上添加奶油与巧克力，仿佛从正上方凝视着城市，以绿色的糖果掩藏司令部所在的中心位置；还有隐藏着红玫瑰的甜甜圈；像粪便一样扭曲的面包；女性生殖器似的附有沟痕的里面填着内馅的面包。画面中，餐桌上放着巨大的点心，旁边像祭坛般插着蜡烛，供奉着红色康乃馨与玫瑰。而且画面背景还有门窗，展现着西西里明亮的无垠的天空与大地。

“这都是真实存在的甜点”，他这么说。萨尔瓦多出生在卡塔尼亚（Catania）附近村落的富裕家庭，从小就被

（上）
萨尔瓦多《周遭的记忆》
（*Ricordi intorno*）
1993 年，油彩帆布画，
40cm × 30cm ©UNAC

（下）
萨尔瓦多《旅行的记忆》
（*Ricordi di viaggio*）
1993 年，油彩帆布画，
40cm × 30cm ©UNAC

老奶妈做的传统点心环绕着。每逢圣诞节、复活节，或是不同圣人的节日，家中都会准备特别的点心，他可以在喜悦中度过一整年。萨尔瓦多说：“我所描绘的，是在罗马或米兰的知名点心店绝对看不到的西西里甜点。不过到现在，会一样样制作这类点心过节的家庭，在西西里也已经找不到了。”

我对于其中做成乳房形状的点心仍有印象。在兰佩杜萨自传题材的小说《豹》里，有种“圣母的点心”，那是主角老公爵一生中最后吃到的甜点。即使背后受人批评，说是侮辱了乳房遭到切除的圣阿加莎，公爵却毫不在意。当好吃的点心置于眼前，人会变得不设防，各种道德也彻底消失。

如果试着回顾历史，在我们所熟知的西式甜点问世前，中世纪的阿拉伯文化圈已经成了甜食的帝国。甘蔗的栽培从 7 世纪开始，最早始于叙利亚。从这种植物中熬出的砂糖，当时正好随着伊斯兰教传开，迅速地在阿拉伯文化圈普及。除了砂糖外，还有椰枣跟蜂蜜，从此甜味的原料不再是昂贵的物品，而且能用来制作各种甜点。将面团先用油炸过，再涂上砂糖或蜂蜜，就是扎拉比亚（Zalabia）；把面粉、奶油、砂糖揉成的材料用模具裁成圆形，再放进烤箱烤，就是胡什卡纳奈吉（Khushkananaj）；将蜂蜜溶于水再煮沸，加入蛋白、肉桂、丁香、胡椒，凝固后上面再加杏仁，就是纳提芙（Konafah）。写于 10 世纪的瓦拉克料理书，是记载了许多点心的食谱。

阿拉伯文化圈原则上不喝酒精类饮料，或许是这个原因，他们似乎到现在还很喜欢甜食。我曾经好几次前往摩洛哥与埃及，市场里有整排的甜品店，我发现那些平时眼神锐利的蓄胡男性，在甜食店里的时候都会开心地享用甜食。在巴勒斯坦也是，那些向我揭发以色列军如何施压的年轻人，嘴唇上的胡髭还蘸着糖粉，而且会一再地跟我分享甜点。

有一次，我在斋戒月即将结束的某个夜晚，在马林王朝的古都非斯接受某个家庭的款待。我们等到太阳下山，以汤品作为晚宴的开始，桌上摆满特别的节日料理，看起来很壮观。记得其中点心的数量多到让人惊讶。不论是小孩还是大人，都欢呼着伸手取用甜点。依照戒律，在下午不能吃东西，人们会在这时认真制作甜点。斋戒月有时被译为“断食”，但是当时我幸福地感觉到，这个习俗其实不就是亲戚聚集在一起，面对佳肴晚睡的节日嘛。

在我的印象中，欧洲的基督教社会只有在与甜食相关的领域，发展晚于伊斯兰社会。他们最早发现砂糖的滋味，据说是在11世纪开始对伊斯兰世界进行有组织的侵略后，从此砂糖的味道也跟着传入欧洲。在前面提过西西里的甜点，在这座位于意大利边境的岛屿上，关于甜点方面令人讶异的发展，跟中世纪某时期，这里曾受倭马亚王朝统治不无关系。雪酪也是，这一带的甜点多半都源自阿拉伯。

原本砂糖在西欧社会并不像《天方夜谭》里哈伦·拉希德的盛宴中不断出现的甜点一样，可不虞匮乏地供现世享用。当时，天主教最重要的神学家托马斯·阿奎纳曾留下相关记录，有人询问他，如果将砂糖当成香料使用，是否会违反天主教的斋戒？他回答：砂糖是药，不是食物，它是为了帮助消化而摄取的东西，绝不会跟斋戒有所抵触。或许因为他的说法也不无道理，砂糖在西方社会中也渐渐扩展开来，不过跟伊斯兰社会享受甜味的愉悦相比，欧洲人还无法真正坦诚以对。有机会尝到砂糖，还要接受道德上的批判，这与现在流行节食的可悲程度不相上下。

关于砂糖点心在伊斯兰文化圈的起源，在意想不到的地方留下了痕迹。举个简单的例子，譬如 20 世纪初，比利时剧作家梅特林克（Maurice Maeterlinck）所写的《青鸟》（*The Blue Bird*），我们可以从这部富有象征性的剧本中看出端倪。

提蒂（Tyltyl）和米蒂（Mytyl）兄妹俩在不可思议的国度，四处寻找幸福的青鸟。有一次，在豪华的大厅里聚集着变胖的幸福精灵，女奴隶在一旁伺候着，并送上非常丰盛的美食，精灵们相当满足、愉悦。其中砂糖精灵很高兴地对孩子们说，糖果是世界上最光辉华丽的东西。这位砂糖精灵穿着仿佛糖纸一样蓝白相间的丝质衣物，造型像土耳其的官员，还戴着帽子。梅特林克的舞台服装设计，令人想起关于甜食的神话。味觉在孩子们想象力的宇宙间飞翔，追溯砂糖到来的历史轨迹。所谓的基督教社会对他们而言，属于父母及唠叨的天使们的领域，是个压抑的空间。但是一旦越过了土耳其，就会有另一片天地等着他们，原本追求甜味却遭到禁止的愿望，在那里可以无休止地得到满足。砂糖精灵的服装，完美地展现出这般孩子气的梦想。

各位如果没有先试着假设，近代欧洲社会对砂糖抱持着根深蒂固的警戒与嫌恶，或许对于砂糖精灵的存在会有些难以理解。18—19 世纪，在历经过工业革命的欧洲社会中，砂糖的消费量大幅增加。在红茶或咖啡中加入砂糖成为人们的一种习惯，热可可在女性之间流行起来，饱含甜味的点心被陆续发明出来。但是，含有大量砂糖的食物，也被批评属于特权，受到道德上的非难。

砂糖由于跟咖啡等饮料形成关联，所以被视为是女性堕落的原因。带有甜味的冰激凌在 20 世纪初自意大利开始流行后在全欧洲得到普及，于是遭到抨击，说这些是让妇女、儿童堕落的恶魔的食物。而糖分的摄取对于儿童的牙齿健康，有着致命的影响。在新大陆，废止黑奴制的运动方兴未艾，而吃糖间接导致与制糖相关的严苛劳动，等于是默许黑奴制度存在的议题兴起。表面上人类因为进步而摄取砂糖，但是这种状态也必须暗中加以控制。

然而砂糖毕竟是奢侈的象征，就因为这个理由，砂糖被视为是违反道德的食物。1917 年俄国革命之后，在粮食匮乏的苏维埃俄国，列宁停止在红茶中加砂糖的举动，仿佛是一种美德一样被广泛宣传。在前面提到的《青鸟》舞台剧中，砂糖精灵向孩子们拿出的点心，也被相当认真的光之精灵遮住。光之精灵对着失望的提蒂，仿佛小学老师似的宣告："那是很危险的东西，会扭曲你的意志喔。你必须明白，当人背负着非实践不可的义务时，一定要做出某些牺牲。"

这种道德主义的最新版本，就是节食神话。摄取过多糖分造成的肥胖，不只是在健康与卫生方面遭到否定。在个人方面，同时也会被视为是欠缺自我控制能力、人格上的缺陷。我们所生存的现代，正处于奇妙的矛盾中。一方面，要不要吃甜食，是种个人的道德判断；另一方面，大众消费社会可以说在永无止境地推出各种差异化的食品与商品，希望大家像以前的王公贵族似的消费。

把在 19 世纪前半叶提倡乌托邦社会主义的夏尔·傅立叶置于这样的脉络中，最能彰显其重要性、展现光辉。他通过想象力，对于嫌恶、恐惧砂糖的欧洲社会的道德观，坚决地加以挑战。他肯定耽于美食的快乐、情欲的快乐，并将理想社会的道德基础置于快乐之上。尤其儿童正应该像美食家般活跃，这也是其学说的中心。

身为《厨房里的哲学家》作者布里亚 - 萨瓦兰的姻亲，夏尔 · 傅立叶这位思想家正是为了彻底实现欲望，所以提倡乌托邦。他认为在今日文明社会中，最悲惨的贫困象征就是酸味。相反地，应该实现的理想社会是以甜味为中心的，且社会秩序与真理就像糖浆一样的社会。儿童的日常食物应该是“上等果酱、添加砂糖的奶油、柠檬汁”（出自《四种运动论》）。在这位永远的梦想家脑海中，和谐最后会降临整个地球，人类会获得完美的幸福，所有的海水都将变成柠檬汁，美食将取代宗教的位置。夏尔 · 傅立叶曾留下遗言，希望自己的遗体能以砂糖腌渍。不禁令人感叹：实在是很适合他呀。

走笔至此，我们终于要提到法国小说家普鲁斯特著名的玛德琳体验。至于名列 20 世纪最具代表性的文学作品《追忆似水年华》究竟有多伟大，在这里我就不必赘言了。不过最好先提一下，这套大部头的长篇小说，是从主角忽然感受到甜美的味觉，勾起回忆开始的。在小说的开头，主角无所事事地度过青春，在文学上的追寻也一无所成，并察觉到自己就这样一天天年纪渐长。在某个寒冷的日子，他饮用着平常很少喝的红茶，无意间将手上的玛德琳蛋糕浸入茶汤后再品尝的一瞬间仿佛天启般，原本已经遗忘的童年幸福回忆，在他的脑海中苏醒。于是，他获得勇气着手写作过去曾踌躇下笔的漫长故事。

玛德琳蛋糕据说始于18世纪中期，当波兰国王造访法国时，一位侍女献上带有柠檬香味与刻痕的蛋糕，传说中这位侍女的名字就叫“玛德琳”。到了普鲁斯特的时代，玛德琳的刻痕已经跟现在一样，演变成类似贝壳的外观。将甜点浸在红茶中再吃，很明显是牙齿不好的老人会用到的吃法，就算举止优雅，也还是脱离正式的礼仪。然而这种奇妙又令人怀念的风味成为普鲁斯特的主角，导向无止境的追忆与感官上的连锁。

许多人都认为对于食物的叙述，有一半跟眼前冒着热气的料理无关，而是在唤起遥远的记忆、谈论已逝去的事物。如果说夏尔 · 傅立叶是以甜点的愿景填满人类未来的，那么普鲁斯特则刚好相反，他因玛德琳而唤醒了过往的一切，以他们的立场，甜点就像光谱仪一样。这两位可以说都是眷顾料理书作者的伟大的守护圣人。柏拉图对话录《斐德若篇》在开头就提到，能够自由地吃下眼前所看到的东西，就是身为人的幸福。他们能够如柏拉图所述，重拾我们丧失已久的童年幸福，不正属于幸福的族群吗？

四方田犬彦的电视餐

那是东京举行奥运会那年（1964）的事情。那一年，东京由于严重缺水，连续停水过好几次。父母带我去涩谷的东横百货公司（今东急百货）搭乘东急新玉川线，食堂里准备了两种菜单：咖喱饭与特制咖喱饭。特制咖喱饭的价格比普通的贵了十日元，因为附上了满满一大玻璃杯的冰水。现在如果在餐厅点矿泉水，当然会列入账单，但是在当时的日本，对一般人而言，特地为白开水付钱可是难以置信的事情。当然，母亲跟我都点了普通的咖喱饭。

当时我还是十一岁的小学六年级学生，家用电视在日本并不稀奇，家里也在讨论要不要趁着东京奥运会改换彩色电视机。更早之前，拉面店会设置像神龛一样的空间将电视机高高供着，遇到实况转播时，坐在前面的特等席还要加收十日元，这样的年代早就已经结束了。力道山[1]在前一

1 力道山（1924—1963），朝鲜人，战后日本具有代表性的职业摔跤选手，出赛创下过高收视率的历史纪录。意外遭“住吉会”成员刺伤后，因伤口感染引发腹膜炎过世。

年（1963）遭黑道刺杀身亡，我生平第一次出于自己的意愿去池上本门寺祭拜。但是整个日本社会并没有余暇回顾这类事件，一路迈向经济高度成长期。

回顾当时一天的生活，我发现自己完全以电视与食物为中心团团转。日本电视里才刚开始推出面向儿童的广告，或许这么说也无可厚非吧。下午四点从学校回来以后，我会先冲泡一杯“渡边果汁粉”。记忆里果汁粉的广告会出现在偶像团体 Three Funkys 登场的歌唱节目中。我从冰箱里拿出冰水（到了 20 世纪 60 年代，这样的事情才成为可能）倒在果汁粉上，立刻就化为绿色的液体，靠近时会闻到淡淡的哈密瓜香气。同样是哈密瓜味，还有一种果汁粉冲泡后会涌出细小的泡沫。我一边喝着哈密瓜味的果汁，一边吃着文明堂的蜂蜜蛋糕，关于这个蛋糕曾有一则著名的电视广告：很多只玩偶熊配合着奥芬巴赫（Offenbach）《天堂与地狱》（*Orphée aux Enfers*）的旋律和谐地跳舞。或许是正吃着因上原由香里这位偶像始祖而走红的糖衣巧克力豆的原因，我满意地从集邮册里取出在邮局买的三角奥运邮票[1]，一张张浏览着整理起来，不知不觉就已经黄昏了。

接着，五点四十五分到了（不，应该还要再早五分钟），此时打开电视切到 NHK 综合频道，《儿童新闻》应该还没

1 三角奥运邮票，1964 年日本奥运纪念邮票，此为募款型的邮票，面额代表捐款金额，募款作为奥运相关经费使用。

播完，某地的某人正担任一日动物园长在播报新闻。新闻结束之后，接下来是人偶剧《出乎预料的葫芦岛》（ひょっこりひょうたん岛）。虎须海盗与唐·卡巴乔总统为了煮泥鳅锅，正在泥田里边唱着歌边捉泥鳅。这两人一直都很轻率而且运气很好，可以说是贪心二人组。

这个人偶剧的主要人物，是一群远足时来到葫芦岛的小学生跟女老师。因为偶然间的大地震，半岛分离，形成葫芦状的小岛，开始在七大洋漂流。孩子们跟父母分离，居住在这座岛上，在漂流的途中遇到了女巫，被卷入海盗小子的寻宝探险。每一个孩子其实都有独特的个性，其中唯一戴着眼镜的"博士"，会整合全班的意见告诉大人，仿佛智囊一样。海盗小子是海盗之子，个性好胜却害怕寂寞。现在回想起这个节目，我最关注的反而是剧中的配角，一个名叫"特克"的男孩。这个男孩跟博士不同，所说的话几乎一直在重复着"肚子好饿"的台词。

小孩很容易肚子饿。作者井上厦在战后的混乱时期，曾经跟弟弟一起住在孤儿院里。恐怕在他年少时，周遭有无数像特克一样的男孩，井上厦应该是在他们的围绕下长大的吧。在我观赏这出人偶剧的时候，上野与新宿的车站已经看不到流浪儿或没东西吃的小孩了。但是通过特克这个角色，感觉仿佛隐约可以看见过去日本粮食缺乏的混乱时期，在社会上残留的阴影。在疏散学童期间，或是黑市

《周刊少年 Magazine》封面，昭和三十九年四月二十六日刊。

时期，儿童因为营养不良而死并不稀奇。我回想起特克的主题曲，正是“我最喜欢厨房了。好喜欢、好喜欢、好喜欢”的料理之歌。

然后《葫芦岛》也演完了，但离晚餐还有一段时间。如果在这个时候将频道切换到民营电视频道，六点十五分会开始播动画片，《狼少年肯》《原子小金刚》《宇宙少年索兰》《游星少年啪噼》《悟空大冒险》《铁人 28 号》。在这些动画片中会有广告登场，几乎都是以儿童为对象的食品宣传广告。在《狼少年肯》播出的时期，有特制的可可粉上市。我跟弟弟收集了好多张购买可可粉附赠的优惠券，兑换了印着肯与小狼图案的碗。还有，如果把空的香松包装袋寄回去，可以领到“8 号超人”的贴纸。

撒在饭上吃的香松即使到了现在，孩子们还是会觉得很好玩。不管怎么说，它就像零食一样，在记忆中，当小孩把饭剩下来时，只要加些香松就能轻易解决，是种方便的调味品。20 世纪 60 年代中期是香松的全盛时期。当时源自大阪的电视喜剧节目《原来是像这样的斗笠》（てなもんや三度笠）大受欢迎，其中有位叫白木实（白木みのる）的演员，身高几乎跟小学生差不多。当他饰演小孩与大人都无法胜任的角色时，会以高亢的声音说些自负的话让大人闭嘴，这就是节目受欢迎的秘诀。在某部广告中，他打着领结穿着西装，神气地进入百货公司的餐厅。服务员刚开始觉得惊讶，怎么会有小孩自己一个人来用餐，因此严肃地问他：“请问要点什么？”他只回答：“白饭！”服务员确认：“只要白饭就好吗？”“白饭！”因此端上来盛在豪华盘子里的白饭。白木实胸有成竹地从西装口袋中取出香松，撒在饭上。服务员一脸受骗的表情。

20 世纪 60 年代中期，人们的饮食生活跟现在大不相同。在当时，大众消费社会尚未完全建立起来，大多数日本人跟美食潮流几乎无缘。虽然不必担心食粮管制或饿肚子，但还是会感到焦虑，非得摄取一些有营养的食物不可。对一般家庭来说，使用刀叉吃西餐就像听西洋乐一样，同属于遥远的异国文化。那时候还没有葡萄酒文化，舶来品“洋酒”高不可攀。一般人吃的奶酪是加工奶酪，培根是用鲸鱼肉制成的，所谓的意大利面，一定是将煮好的面拌入鲜红的番茄酱中。冷冻食品也好，法国面包也好，所谓的民族料理也好，根本不存在。而已开发的速食——具体来说包括从拉面到果汁粉等商品，正积极在用电视广告曝光，变得普及。

根据家政学的资料统计，自江户时期以来，一般在家中用餐时个人使用的小桌（铭々膳）数量，到了 20 世纪 20 年代后半期急遽减少，小桌被新登场的矮桌取代。在大家族制度下，为家庭成员分别出菜时使用这种小桌会比较方便，但是随着都市上班族文化兴起、小家庭抬头，简化的和式矮桌取代了小桌。餐桌的风景第二次产生变化，是在 20 世纪 60 年代后半期。在这个时期，存在于每个家庭的矮桌数量，渐渐被西式的餐桌追上。为了将用餐与就寝的空间分开，在西式集合住宅的厨房里，鼓励一开始就设置餐桌。在改用餐桌的同时，日本人的起居方式也从席地而坐演变为垂足而坐，这样的坐姿高度与操作冰箱、音响、电视等家电时的高度相当。这样的变化产生不久后就是速食的普及与电视食品广告的流行，可以说起居方式的变化，为促进这两者发展预先做好了准备。

有趣的是，电视剧的内容却呈现出相反的状态。在 20 世纪 60 年代前半期，大受欢迎的家庭连续剧《巴士大道后街》（バス通り里）中，一家人使用餐桌与椅子，在明亮气氛的包围下用餐。这是走在时代最前端、都会的生活方式。到了 20 世纪 70 年代，矮桌文化已彻底凋零，引起话题的《时间到了》（时间ですよ）或《寺内贯太郎一家》（寺内贯太郎一家），稍微带点儿怀旧味道的连续剧中，反而会有大家庭使用的小桌登场。自 1986 年起横跨三十年的松竹系列电影《寅次郎的故事》（男はつらいよ）中，也可观察出同样的情形吧。当年节时，寅次郎回到位于葛饰的老家，在西式的餐桌旁看起来实在不搭。

直到 20 世纪 80 年代，我才知道有所谓“电视餐”这种食物。当我观赏与我同年生的纽约前卫导演吉姆·

贾木许导演的《天堂陌影》（*Stranger Than Paradise*，1984）时，我第一次见到电视餐。主角住在曼哈顿一隅，没有工作，也没有女朋友，他在公寓里总是一个人吃着电视餐。忽然从匈牙利来找他的表妹问：这是什么？这是热腾腾的肉吗？这是给人类吃的食物吗？主角的表情仿佛自己的人格受到污辱，生气地为电视餐辩护。由于画质较差，我坐在观众席看不清楚电视餐的具体内容。但我模糊地想象，那大概就像便当店卖的鲑鱼便当，或是海苔便当之类的餐点吧。

后来，我有机会住在纽约，也认识了这部电影的导演贾木许，所以试着问他电视餐的事情。“什么？日本没有吗？！”他边笑身体边颤动着，“像我，根本是从小吃这种东西长大的。”就像他所说的，当我去超市的冷冻食品区，发现那里就摆放着几十种电视餐，陈列出五米长的专区。而且在《天堂陌影》里，主角吃的是最便宜的种类，由 Swanson 推出，一份售价一点九九美元。

所谓的“电视餐”，是父母两人都有工作，没办法及时回家煮晚餐时，为家中的孩子预先买好的冷冻食品。电视餐从便宜的到贵的都有（话虽如此，最贵也不超过五点二九美元），种类繁多。先介绍一下典型的电视餐内容吧。在仿佛旧塑胶般的汉堡排上，淋着同样颜色的浓稠酱汁，还有玉米、土豆泥，作为甜点的樱桃与苹果碎末，食物像不同频率的声音一样，塞满扬声器般分隔好的空间里。如果是高级一点的电视餐，在蔬菜的部分会有西葫芦、蚕豆、红萝卜，并以加了奶酪的鸡肉与意大利面取代汉堡排。

这样的食物为什么会被称为“电视餐”，有两种说法：第一种是上述多种食物的排列，形同分隔开来的电视机画面与控制面板；第二种是因为小孩常孤单地边看电视边用餐。即使是美国人对于这两种说法似乎也没有定论，我问过的人总是告诉我这两种说法中的一种。如果从父母的角度来看，恐怕很少有比这还方便的食物了吧。因为只要将餐盒先放入烤箱，设定好时间加热就行了。

我立刻买了超市里最便宜与最贵的电视餐，放进公寓的烤箱里进行实验。结果……如果要说结果，那就是我充分体会到，世界上有某些地方的人必须吃这样的东西，才能生存下去。我最近听说，最早的电视餐包装相当于生活设计纪念碑，因此陈列在华盛顿美术馆的设计部里。不只是美国的儿童，对于单身者而言，电视餐也是不可或缺的食物吧。

电视餐过去在日本没有流行起来，我想跟烤箱还没全面普及有很大的关系。到了20世纪70年代，冷冻食品终于在一般家庭普及开来，却没有朝电视餐的方向发展。同时，热食便当店的生意兴隆，使电视餐错过了在日本登场的机会。

现在，我已经完全改掉边看电视边吃饭的习惯。或许因为我以写影评为业，所以平常不太看电视。对我而言，电视也好、速食也好，都已经属于回忆的范畴。不过如果在电影院边看着银幕边吃东西，不论在哪家电影院都会受到排斥。不瞒各位，其实我颇喜欢边看电影边吃东西。在家看电视代表日常生活，出门看电影象征着节日，这样的区别或许还无意识地残留在我脑海中吧。

后记

本书以2002—2003年我在《艺术新潮》杂志“艺术家的食欲”专栏发表的文章为主，并增加了多篇与料理相关的文章。详细的由来已经写在别的地方，还请各位自行参考。

当新潮社的伊熊泰子小姐向我提出建议：世界上有些艺术家留下来的食谱，要不要依照内容实际烹调、试吃后写下相关文章呢？我觉得这是很有趣的想法。早从音乐家罗西尼、作家大仲马的时代，到近期撰写《檀流料理》的檀一雄，许多人都翔实记录过自己烹调了什么、吃了什么。而且历史上也存在着一些伟大的人物，他们将食谱流传到后世留下文人的印象，譬如，中国的袁枚、意大利的贵族阿尔图西（Giovanni Maria Artusi），或是像达·芬奇、弗洛伊德这样，如果后世有推测出的相关食谱，就会归入对应艺术家的研究中。接下来只要照我自己觉得美味的顺序选择料理就好，我想这会是件轻松愉快的工作，于是答应参与。当我向同行友人们提到将为这个专栏写文章时，他们听后都感到非常羡慕。

实际开始连载之后，我发现这份工作远比预期的要辛苦。先从选定艺术家与食物开始，这一步我必须阅读大量的资料。根本不可能只根据一本食谱照作。参阅的资料中有半数是英文，像大仲马的部分还要阅读法文，而未来主义的风格就像意大利文一样，要先找出各种语言的食谱，解读相关的篇幅。在写格拉斯的鳗鱼料理这篇文章时，我特地找出 20 世纪 50 年代波兰料理书的英译本了解相关知识。还承蒙明治大学的张竞教授、法国甜点研究家今田美奈子女士等多位专家指导，提供咨询。在资料搜集方面，专栏的策划者伊熊小姐也贡献良多。

在确定食谱之后，接下去到了实际制作的阶段。一开始我还小看了这些料理，以为有半数都可以自己完成，这完全是外行人过于乐观的想法。烹饪出能供拍摄并刊登在杂志上的料理，跟个人的自家料理完全属于两个层次。结果，我自己独自完成的只有谷崎润一郎的柿叶寿司、斋藤茂吉的牛乳鳗鱼盖饭。稍微难一点儿的菜色，则是请烹饪顾问滨田美里小姐制作的，有时她会特地来到我在高轮的住宅，或是另外寻找其他适当的场所。如果是相当费工的料理，一开始我们就会联络专门的餐厅或烹饪学校，委托对方制作。我想一定有主厨边苦笑着，边进行这场奇怪的实验吧。在有关涩泽龙彦先生的文章中，我们特地请龙子夫人提供“作品”，在以吉本隆明先生为主题的文章中，则直接请本人示范制作、品尝。在此也一并向前述诸位表示感谢。

在摄影方面。拍摄女巫汤的照片时，为了烘托气氛，我们向艺术家胜本光留小姐借她家的庭院作为拍摄场地。拍摄刚完成的料理，就像拍摄雕刻作品一样，需要周全地考量。跟分秒流逝的时间在战斗的本书摄影师广濑达郎先生，与专栏连载时构思版面设计的日下润一先生，都是我要致谢的对象。

专栏实际开始连载后，最初预计的阵容渐渐地产生变化。许多19世纪艺术家的食谱常被人提及，像之前计划的罗西尼、大仲马的食谱就被排除了，加重了20世纪小说家或画家食谱的比例。事实上我必须坦言，身为作者，专栏有相当程度会反映出个人的喜好。有一次，某位认识的友人读后指出：四方田先生，你选的几乎都是猪肉料理呢。原来最早刊登的几篇像杜拉斯、欧姬芙、开高健的食谱，都以猪肉料理为题材。这很明显地反映出，我是个猪肉爱好者，只要不是牛肉或羊肉，是以猪肉为食材的，我就能完成精心制作的料理。听到对方的批评指教之后，我连忙改变方向，转而写鳗鱼料理，从目录上就能明显地看出这一转变的轨迹。

写完全书时，有两件事让我感到可惜，其中之一是书中没有俄罗斯料理登场。我自己对俄国文学的研究不深，确实是原因之一；其实我曾经在纳博科夫的小说中寻找线索，但是其中几乎没有提及食物的部分，这也是另一个因素。我阅读他的传记后，谜底揭晓。他在年轻时就装了全口假牙，所以对探索食物的滋味没什么兴趣。

另外，还有一个遗憾就是没能听到武满彻本人亲口说出，他吃完自己做的松茸意大利面的感想。在信州的山间，他对菇类究竟有过怎样的研究？他与同样热爱菇类的作曲家约翰·凯奇，究竟会有怎样的对话？如果武满先生还在世的话，就能跟他聊各种各样的话题了。

最后向统稿的铃木力先生、从杂志连载时期就开始合作并担任本书装帧设计的日下润一先生致谢。

四方田犬彦

2005 年 6 月 25 日

发表出处

◎ 从《罗兰·巴特的天妇罗》到《吉本隆明的月岛酱汁料理》连载于《艺术新潮》2002 年 1 月号至 2003 年 12 月号“艺术家的食欲”专栏。只有《武满彻的松茸滑菇意大利面》出自《武满彻全集》第四卷。(小学馆，2003 年)

◎《甘党礼赞》刊于《艺术新潮》2001 年 12 月号。

◎《四方田犬彦的电视餐》刊于《食欲连锁》(间岛领一展目录)，川崎市冈本太郎美术馆，2001 年 10 月。

参考文献

著作

- 布里亚 - 萨瓦兰：《美味礼赞》，关根秀雄、户部松实译，岩波文库，1967 年。
- 罗兰·巴特、布里亚 - 萨瓦兰：《巴特读“味觉生理学”》，松岛征译，MISUZU 书房，1985 年。
- 罗兰·巴特：《符号之国》，石川美子译，MISUZU 书房，2004 年。(中译本《符号禅意东洋风》，台湾商务印书馆，1994 年；《符号帝国》，麦田，2014 年)
- 罗兰·巴特：《萨德、傅立叶、罗耀拉》，筱田浩一郎译，MISUZU 书房，1975 年。
- 武满彻：《沉默的花园》，新潮社，1999 年。
- 小泉八云：《拉夫卡迪欧·赫恩的克里奥尔料理读本》，河岛弘美监修、铃木茜译，TBS Britannica，1998 年。
- 小泉八云：《旅居法属西印度群岛的两年间》(小泉八云作品集)，平井呈一译，恒文社，1966 年。
- F. T. Marinetti，*La Cucina Futurista*，Longanesi，Milano，1986.

- 立原光代：《立原家的餐桌：蔬食即美食》，讲谈社，2000 年。
- 高井有一：《立原正秋》，新潮社，1991 年。
- 安迪·沃霍尔：《安迪·沃霍尔》，新潮社，1990 年。
- 秋偲会编著：《天皇家的飨宴》，德荣，1978 年。
- 唐纳德·基恩：《明治天皇》，角地幸男译，新潮社，2001 年。
- Giulia Macri e Giovanna Night, *Lette e Mangiate: Ricette di Grandi-Scrittori*, Golosia & C, Milano, 1997.
- 君特·格拉斯：《铁皮鼓》，高本研一译，集英社，1972 年。（中译本《铁皮鼓》，桂冠图书，1994 年）
- 君特·格拉斯：《比目鱼》，高本研一、宫原朗译，集英社，1981 年。
- 君特·格拉斯：《君特·格拉斯的四十年》，高本研一、斋藤宽译，法政大学出版局，1996 年。
- MarjaOchorowicz-Monatowa, *Polish Cookery*, Crown Classic Cookbook Series, 1988.
- 谷崎润一郎：《美食俱乐部》，《谷崎润一郎全集》第六卷，中央公论新社，1967 年。
- 谷崎润一郎：《阴翳礼赞》，《谷崎润一郎全集》第二十卷，中央公论新社，1968 年。（中译本《阴翳礼赞》，脸谱，2007 年；大牌出版，2016 年）
- 谷崎润一郎：《过酸化满庵水之梦》，《谷崎润一郎全集》第十七卷，中央公论新社，1968 年。
- Margaret Wood, *A Painter's Kitchen: Recipes from the kitchen of Georgia O'Keeffe*, Red Crane Books, 1997.
- 涩泽龙彦：《华丽的食物志》（《涩泽龙彦全集》第二十卷，河出书房新社，1995 年）
- 涩泽龙彦：《玩物草纸》（《涩泽龙彦全集》第十六卷，河出书房新社，1994 年）
- 涩泽龙子：《与涩泽龙彦一起渡过的时光》，白水社，2005 年。
- 查尔斯·狄更斯：《圣诞颂歌》，村冈花子译，新潮文库，1952 年。

- 塞德里克·狄更斯：《与狄更斯共饮》，石田敏行、石田洋子译，星云社，1987 年。
- 詹姆士·乔伊斯：《都柏林人》，安藤一郎译，新潮文库，1953 年。（中译本《都柏林人》，猫头鹰出版，1999 年；联经出版，2009 年）
- 《金瓶梅》（全十册），小野忍、千田九一译，岩波文库，1973—1974 年。
- 陈诏：《食的情趣》，香港商务印书馆，1987 年。
- 钱仓水：《蟹趣》，江西出版集团，1999 年。
- 史蒂芬·茨威格：《玛丽·安托瓦妮特》，关楠生译，河出书房新社，1989 年。
- Laura Rangoni & Massimo Centini, *Mangiar da Streghe: Ricette, Storie, Miti*, Golosia & C, Milano, 1999.
- 朱尔斯·米什莱：《女巫》，筱田浩一郎译，现代思潮社，1967 年。
- 高桥治：《绚烂的投影——小津安二郎》，文艺春秋，1982 年。
- 贵田庄：《小津安二郎的餐桌》，芳贺书店，2000 年。（中译本《小津安二郎的餐桌》，田园城市，2015 年）
- 玛格丽特·杜拉斯：《树上的岁月》，平冈笃赖译，白水社，1967 年。
- 玛格丽特·杜拉斯：《杜拉斯剧作全集》第二卷，安堂信也、平冈笃赖译，竹内书店，1969 年。
- 玛格丽特·杜拉斯：《情人》，清水彻译，河出书房新社，1985 年。
- 米歇尔·芒索：《我的朋友杜拉斯》，田中伦郎译，河出书房新社出版，1999 年。
- Marguerite Duras, *La Cuisine de Marguerite, Benoît Jacob*, Paris.
- 开高健：《罗马尼·孔蒂·一九三五年》第九卷，新潮社，1992 年。
- 弗朗索瓦·拉伯雷：《卡冈都亚》，宫下志朗译，筑摩文库，2005 年。（中译本《巨人传》，桂冠图书，2005 年）
- 菊谷匡佑：《开高健在场的情景》，集英社，2002 年。
- 欧金尼娅·里柯蒂：《古罗马的宴会艺术》，武谷真美译，平凡社，1991 年。
- 彼得罗纽斯：《爱情神话》，国原吉之助译，岩波文库，1991 年。
- 里见真三：《智者的食欲》，文艺春秋，2000 年。

- 斋藤茂吉：《斋藤茂吉随笔集》，阿川弘之、北杜夫编，岩波文库，1986年。
- 四方田犬彦：《摩洛哥流谪》，新潮社，2000年。
- 保罗·鲍尔斯：《蜘蛛之屋》（保罗·鲍尔斯作品集之四），四方田犬彦译，白水社，1995年。
- 瓦尔特·本雅明：《食物》，《瓦尔特·本雅明著作集》第十一卷，藤川芳朗译，晶文社，1975年。
- 苏珊·罗德莉格·韩特：《失落的一代的餐桌》，山本博监、山本弥生译，早川书房，2000年。（中译本《巴黎永不流逝的飨宴》，探索文化，2001年）
- 吉本隆明：《背景的记忆》，宝岛社，1994年。
- 吉本隆明：《食物探访记》，光芒社，2001年。
- 吉本隆明：《食物的故事》，丸山学艺图书，1997年。
- 四方田犬彦：《月岛物语》，集英社文库，1999年。
- 米歇尔·图尼埃 ：《东方之星的故事》，榊原晃三译，白水社，2001年。
- 莫里斯·梅特林克：《青鸟》，堀口大学译，新潮文库，1960年。
- 夏尔·傅立叶：《四种运动论》，岩谷国士译，现代思潮社，1970年。
- 沃夫冈·希维布许：《乐园·味觉·理性——嗜好品的历史》，福本义宪译，法政大学出版局，1988年。（中译本《味觉乐园——看香料、咖啡、烟草、酒，如何创造人间的私密天堂》，蓝鲸出版社，2001年）
- Vincenzo Digilio, Da Napoli a Lampedusa. *Quando la Cucinadiventa Storia, Adriano GallinaEditore*, Napoli, 1997.

影视作品

- 沃克·施隆多夫：《锡鼓》，1979年。
- 柏布斯特：《潘朵拉的盒子》，1929年。
- 费德里柯·费里尼：《爱情神话》，1968年。

摄影协助

◎ 罗兰·巴特的天妇罗　料理：近藤文夫（银座“近藤天妇罗”）

◎ 武满彻的松茸滑菇意大利面　料理：大森博（神乐坂“泥味亭”）

◎ 小泉八云的克里奥尔料理　料理：坂本守显（白金“LABYRINTHE”）
食器提供：鲁山

◎ 意大利未来主义的各邦国正餐　料理：山田宏巳（南青山“RISTORANTE HiRo”）

◎ 立原正秋的韩国风山菜　料理：松下利市（早稻田鹤卷町“松下”）

◎ 明治天皇的午餐全席　料理：小峰敏宏（驹泽“La Table de Comma”）
菜单：秋山匡藏

◎ 君特·格拉斯的鳗鱼料理　料理顾问：滨田美里

◎ 乔治亚·欧姬芙的菜园料理　料理：滨田美里

◎ 查尔斯·狄更斯的圣诞布丁　料理：滨田美里

◎《金瓶梅》里的蟹肉料理　料理：滨田美里　场地提供：神田神保町·咸亨酒店

◎ 玛丽·安托瓦妮特的甜点　西点制作：今田美奈子餐桌艺术沙龙道具

◎ 女巫的汤　料理：滨田美里　摄影协助：胜本光留　食器提供：古坂田（陶锅、火炉）、UNTIDY（水壶）、鲁山（铁锅·海野毅作）

◎ 玛格丽特·杜拉斯的猪肉料理　料理：四方田犬彦　顾问：滨田美里

◎ 开高健的血肠与猪脚　料理：滨田美里

◎ 阿比修斯——古罗马的盛宴　料理制作·监制：可儿庆大（辻调理师专门学校意大利料理专任教授）

◎ 斋藤茂吉的牛乳鳗鱼盖饭　食器提供：鲁山

◎ 保罗·鲍尔斯的摩洛哥料理　料理：神乐坂“阿加迪尔”

◎ 吉本隆明的月岛酱汁料理　料理：滨田美里

◎ 四方田犬彦的电视餐　资料提供：丸美屋食品工业株式会社、株式会社讲谈社